iLike就业After Effects CS4 多功能教材

袁紊玉　苟亚妮　李晓鹏　等编著

電子工業出版社.

Publishing House of Electronics Industry

北京·BEIJING

内 容 简 介

随着经济的不断发展，高新技术人才存在大量紧缺，影视后期制作人才就是其中之一。本书从实用和就业的角度出发，针对After Effects在影视后期制作中的作用，介绍了After Effects CS4的常用技巧，并结合难易程度不同的实例进行了知识点剖析，使读者可以快速了解其强大功能，并掌握其基础知识。本书采用案例教学的编写形式，以"课"为基本单位，介绍了After Effects CS4的图层创建、关键帧动画制作、文字动画、三维空间的合成方法、遮罩与抠像的运用、画面的调整、特效及外挂插件的应用、运动追踪、表达式的使用、声音的合成以及最终作品的生成等内容。

本书是影视多媒体专业学生的理想教材，也是有一定基础、需要进一步提高的自学读者的优秀参考书。

图书在版编目（CIP）数据

iLike就业After Effects CS4多功能教材/袁紊玉，苟亚妮，李晓鹏等编著.—北京：电子工业出版社，2010.3
ISBN 978-7-121-10404-6

Ⅰ．i⋯ Ⅱ．①袁⋯②苟⋯③李⋯ Ⅲ．图形软件，After Effects CS4教材 Ⅳ．TP391.41

中国版本图书馆CIP数据核字（2010）第027488号

责任编辑：李红玉
文字编辑：易　昆
印　　刷：北京天竺颖华印刷厂
装　　订：三河市鑫金马印装有限公司
出版发行：电子工业出版社
　　　　　北京市海淀区万寿路173信箱　邮编：100036
　　　　　北京市海淀区翠微东里甲2号　邮编：100036
开　本：787×1092　1/16　印张：16.5　字数：420千字
印　次：2010年3月第1次印刷
定　价：32.00元

凡所购买电子工业出版社图书有缺损问题，请向购买书店调换。若书店售缺，请与本社发行部联系，联系及邮购电话：（010）88254888。

质量投诉请发邮件至zlts@phei.com.cn，盗版侵权举报请发邮件至dbqq@phei.com.cn。

服务热线：（010）88258888。

前　　言

随着软件合成技术的不断提高与影视制作技术的不断发展，人们对动画的欣赏水平也在不断提高，后期制作软件的学习和掌握的熟练程度因而变得更为重要。电脑技术的发展催生出了一系列的动画前期制作和后期合成软件，使得制作手段更加多样化。用户可以通过先进的图形图像软件对视频和图形进行编辑和设计，制作出绚丽多姿的视频效果。After Effects是Adobe公司开发的完全着眼于高端视频系统的专业型非线性编辑软件，汇集了当今许多优秀软件的编辑思想和现代非线性编辑技术，融合了影像、声音和数码特技的文件格式，并包括了许多高效、精确的工具插件，可以帮助用户制作出各种赏心悦目的动画效果。

本书先对影视特效的概念及应用和影视特效的应用范围进行了介绍，然后由浅至深地对After Effects进行了详细讲解。全书由14课组成，基于After Effects CS4的相关基础知识，结合一些简单、常用的实例分别加以介绍和说明。第1课主要介绍影视后期制作的理论基础；第2课介绍After Effects的基本概念——图层，并通过一个产品广告的飞屏动画，让读者加深对图层的理解；第3课讲解动画理念与操作，通过实例介绍关键帧的使用和它在动画制作中的重要作用；第4课介绍了最为常用的文字动画，通过实例进行层层加深。第5课通过三维空间的介绍，讲解了三维空间的合成知识。第6课主要介绍After Effects中遮罩的重要性，并通过多个实例进行详细介绍。第7课主要介绍了在After Effects中的另外一个非常重要的知识——抠像。第8课介绍了画面调整的一些方法。第9课介绍了After Effects CS4中特效的相关知识，并对常用的特效进行了讲解。After Effects有很多插件，第10课主要介绍了几种常用的外挂插件的使用。第11课、第12课是After Effects的高级知识点部分，主要介绍了运动追踪和表达式的相关知识点。第13课讲解了音频的基本处理及音频特效。最后一课即第14课，介绍的是生成作品的相关知识。

After Effects CS4是Adobe公司继After Effects CS3后推出的新版本，在本书中将其简称为AE CS4，新版本的工具界面更加合理并富有时代感，建议读者的电脑配置方面，内存不要低于2GB，CPU最低为1.5GHz。

本书主要由袁素玉、苟亚妮、李晓鹏执笔完成，参与本书编写的还有李茹菡、徐正坤、周轶、谢良鹏等。由于时间仓促、水平有限，在写作过程中难免有不足之处，欢迎读者批评指正。

为方便读者阅读，若需要本书配套资料，请登录"北京美迪亚电子信息有限公司"（http://www.medias.com.cn），在"资料下载"页面进行下载。

前 言

目 录

第1课

影视后期制作与After Effects CS4

本课通过对影视前期与后期制作理论的介绍和对After Effects CS4基础概况的讲解，使用户对影视后期制作理论知识有一个大致的了解，然后再通过实例，制作一个简单的栏目片头将学习的理论融入到实践中，并进行及时的总结，使读者在具有代表性的实例中打好基础、开拓思路。

本课知识结构：

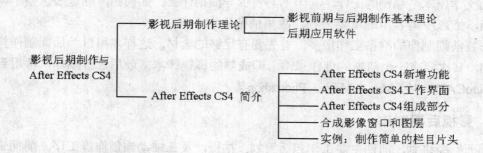

就业达标要求：

1：了解影视前期、后期制作的基础知识。

2：了解和掌握After Effects CS4的新增功能、工作界面、组成部分。

1.1 影视前期制作与影视后期制作

本节通过对影视前期制作和影视后期制作的基本知识进行简单介绍，使用户对影视制作的基本流程有所了解。影视制作的前期与后期的关系十分密切，前期制作主要是进行相关资料的搜集和基础制作；后期制作是将收集的素材进行编辑，以视觉传达设计理论为基础，使用影视编辑设备（线性和非线性设备）和影视编辑技巧进行后期制作，其中还包括进行影视特技制作。后期制作得到的效果如图1-1所示。

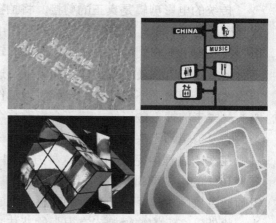

图1-1　后期制作得到的效果

1.1.1 影视前期制作

无论制作哪一种影视动画，表面上看操作方法各有不同，但其基本前提却是相同的。影视制作过程通常分前期准备，中期准备，后期制作；前期准备阶段包括：文学剧本创作，分镜头剧本创作，美术设计（整体风格设计，造型设计和场景设计）。

美术设计：包括整体风格设计，造型设计和场景设计三个方面，它负责确定一部动画片的气质，可以通过对主要场景和情节的绘画来展示对片子的造型风格、动作风格、色彩、场景处理等诸多因素的整体把握。而人物造型很大程度上决定了动画片的成败，这一过程中主要包括绘制标准造型，转面图，结构图，道具服装分解图等。

文学剧本：是一部动画片的基础，导演以此摄制影片，在剧本阶段应注意将文学视觉化，剧本中所描述的内容必须是可以用影像来表现的，且是直接可以用分镜头剧本创作的。

专业剧本与文学剧本的区别：专业剧本就是常说的分镜头剧本，形式上用场作为组成单元并强调视听表现力。分镜头剧本是导演的工作，里面会细致地把摄影机的角度、镜头术语、演员角色走位等拍摄时的具体设计逐个场地，逐个镜头地写出来。

而文学剧本是编剧的工作，其中不必告诉导演拍什么，如何拍，而是表达整个剧本的主体内涵，把影片内容中的重要人物，故事情节确定下来。

影视前期制作的准备工作很多，首先要有足够的素材，这样才可以为后期制作打下良好的基础，其次要有一个清晰的创作思路，即成熟的影视脚本。最后进行制作，常用到的软件有：AutoCAD、3ds Max、Maya、Photoshop等。

1.1.2 影视后期制作

前面已经讲到，前期主要工作包括策划、拍摄，及三维动画创作等工序。前期工作结束后得到的是大量的素材和半成品，而将它们通过艺术手段结合起来就是后期制作。后期制作需要全面了解镜头的基本概念、摄拍手法、分镜头技巧、场面调度、镜头组接、场景转换、衔接技巧、剪辑、对白、音效。然后利用实际拍摄和前期制作所得的素材，通过三维动画和合成方法制作特技镜头，最后把镜头剪辑到一起，形成完整的影片，并为影片录制声音，完成影视后期的创作。这一阶段常用的软件有：Adobe After Effects、Adobe Premiere Pro等，还有一些操作相对简单的软件如：绘声绘影、光影魔术手等。

传统的电影剪辑是真正的剪接。将拍摄得到的底版经过冲洗，制作一套工作样片，利用这套样片进行剪辑。剪辑师从大量的样片中挑选需要的镜头和胶片，用剪刀将胶片剪开，再用胶条或胶水把它们粘在一起，然后在剪辑台上观看剪辑的效果。这个剪开、粘贴的过程要不断地重复，直到最终得到理想的效果。这个过程虽然看起来很原始，但这种剪接却是真正非线性的。剪辑师不必从头到尾顺序地工作，因为他可以随时将样片从中间剪开，插入一个镜头，或者剪掉一些影像，都不会影响整个片子。但这种方式对于有很多技巧的制作是无能为力的，剪辑师无法在两个镜头之间制作一个叠画，也无法调整影像的色彩，所有这些技巧只能在洗印过程中完成。同时这种方式的手工操作效率也很低 。

传统的电视编辑是在编辑机上进行的。编辑机通常由一台放像机和一台录像机组成。剪辑师通过放像机选择一段合适的素材，把它记录到录像机中的磁带上，然后再寻找下一个镜头。此外，高级的编辑机还有很强的特技功能，可以制作各种叠画，可以调整影像颜色，也可以制作字幕等。但是由于磁带记录影像是顺序的，无法在已有的影像之间插入一个镜头，也无法删除一个镜头，除非把这之后的影像全部重新录制一遍，所以这种编辑叫做线性编辑，它给编辑人员带来了很多限制，又有很大的局限性，大大降低了剪辑人员的创造力，并使宝贵的时间浪费在烦琐的操作过程中。基于计算机的数字非线性编辑技术使剪辑手段得到很大的发展。这种技术将素材记录到计算机中，利用计算机进行剪辑。它采用了电影剪辑的非线性模式，用简单的鼠标和键盘操作代替了剪刀加浆糊式的手工操作，剪辑结果可以马上回放，也就大大提高了效率，效果如图1-2所示。

图1-2　影视截图

影视前期、后期制作都是一个需要长期坚持不懈学习的过程，由于涉及的软件很多，建议用户根据个人的兴趣和特点，选择一种软件认真学习。

1.1.3　后期应用软件简介

影视后期制作需要用到多个不同的计算机制作软件，例如图片处理需要通过Photoshop来修改；后期需要用Premiere和After Effects来实现最终的视频合成效果等。

下面将对几种现在常用的软件进行简单介绍。

（1）Photoshop

Photoshop是Adobe公司推出的影像处理软件中的典型代表。无论是在平面设计、三维设计还是影像设计领域，Photoshop的表现都是无可替代的。影像的处理是一切图形影像工作中的基础部分，在前期的贴图制作、后期的影像处理等方面都需要用到影像处理软件。Photoshop的工作界面如图1-3所示。

图1-3　Photoshop工作界面

（2）Softimage/Xsi

它是能够和Maya并驾齐驱的重量级软件。Xsi在角色动画和渲染方面是世界上最强大的软件之一，Xsi可以自由发挥艺术家的想象力，操作方法简单快捷，是从事角色动画待业的朋友可以信赖的软件。SOFT/Xsi的前身Si，是当时世界上应用最广泛的3D软件之一，但是在Si将要推出新版本的时候，发现了BUG，Avid公司收回新版本进行修正，这个时候Maya 1.0被推出，国内大部分Maya用户就这个时候产生的，当Xsi再次推出时Maya已经占据了大半江山。

（3）Edit/Effect/Paint

Edit/Effect/Paint是Discreet Logic公司在PC平台上推出的系列软件，其中Edit是专业的非线性编辑软件，可配合Digi Suite或Targa系列的高档视频采集卡，是仅次于Avid Media Composer的优秀非线性编辑软件。AE则是基于层的合成软件，相当于Inferon/Flame/Flint的Action模块，用户可以用它为各层影像设置运动，进行校色、抠像、跟踪等操作，也可以设置灯光。AE的一大优点在于可以直接利用为AE设计的各类滤镜，从而大大地补充了Effect的功能。由于Autodesk成为了Discreet Logic的母公司，AE特别强调与3ds Max的协作，这点对许多以3ds Max为主要三维创作软件的小型制作机构和爱好者而言特别具有吸引力。Paint是一个绘图软件，相当于Inferon/Flame/Flint软件的绘图模块。利用这个软件，用户可以对活动影像方便地进行修饰。它基于矢量的特性可以很方便地对画笔设置动画，可满足活动动画的绘制需求。这个软件小巧精干，功能强大，是PC平台上的优秀软件，也是其他合成软件必备的补充工具。

（4）Shake

应用于苹果机，是最有前途的合成软件之一，运行也很稳定。

（5）Combustion

可以和3ds Max无缝结合，是3ds Max用户的最佳选择，在3ds Max软件中也可以利用Combustion来控制贴图，Combustion支持大部分AE插件。

（6）After Effects的应用

影视后期合成主要是通过后期软件来实现的，常见的后期合成软件有Premiere Pro和After Effects。After Effects简称AE，是Adobe公司开发的一个视频剪辑及设计软件。和Premiere Pro等基于时间轴程序不同的是，AE提供了一条基于帧的视频设计途径。它还是第一个实现高质量子像素定位的程序，通过它能够实现高度平滑的运动。AE为多媒体制作者提供了许多有价值的功能，包括出色的蓝屏融合功能、特殊效果的创造功能和Cinpak压缩等。

1.2 影视后期制作大师After Effects CS4

影视媒体已经成为当前最为大众化、最具影响力的媒体形式之一。从好莱坞大片所创造的幻想世界，到电视新闻所关注的现实生活，再到铺天盖地的电视广告，这些无一不深刻地影响着我们的生活。过去，影视节目的制作是专业人员的工作，对大众来说似乎还笼罩着一层神秘的面纱。十几年来，数字技术全面进入影视制作过程，计算机逐步取代了许多原有的影视设备，并在影视制作的各个环节发挥了重大作用。但是直到不久前，影视制作使用的还一直是价格极端昂贵的专业硬件和软件，非专业人员很难见到这些设备，更不用说熟练使用这些工具来制作自己的作品了。随着PC性能的显著提高，价格的不断降低，影视制作从以前专业的硬件设备逐渐向PC平台上转移，原先价格昂贵的专业软件也逐步移植到这个平台上，价格也日益大众化。同时影视制作的应用也从专业影视制作扩展到电脑游戏、多媒体、网络、家庭娱乐等更为广阔的领域。许多从事这些行业的人员与大量的影视爱好者现在都可以利用自己手中的电脑，来制作自己的影视节目。如图1-4所示为自己制作的片头效果。

1.2.1　After Effects简介

After Effects（简称AE）是Adobe公司开发的完全着眼于高端视频系统的非线性专业编辑软件，也是Adobe公司重点推广的产品之一，其中汇集了很多优秀软件的思想（如，Photoshop中的层概念、遮罩理论；三维软件的关键帧、运动路径、粒子系统等）和现代非线性编辑技术，综合了影像、声音和数码特技的文件格式。

AE是目前主流的影视后期合成软件，具有很高的性价比，被认为是视频领域的Photoshop，它也是一个数字化视频合成软件，利用它可以制作合成图片、文字、动画等效果，以及制作各种不同用途的多媒体产品。

具有良好的文件组合特性和跨平台操作能力是AE的特点之一，利用它可以产生运动影像和视觉效果，能够对多层的合成影像加以控制，也可以控制动画的复杂运动。

AE也有多种插件，其中包括Meta Tool Final Effect，它能提供虚拟移动影像以及多种类型的粒子系统，用它还能创造出独特的迷幻效果。

使用AE可以对素材层进行合成，它对层的控制方式，不仅有几何方面的控制，也有遮罩、效果方面的控制，特别是遮罩和抠像效果控制等方面的灵活性，使它具有十分强大抠像功能。

作为主流的后期合成软件，AE还具有容易学习和容易掌握的特点，对于计算机硬件的要求低，可以惟妙惟肖地制作出动感强烈、特技效果精彩的视频作品。Adobe公司的Premiere Pro软件所面向的主要对象是普及型的，甚至是专业型的用户，AE软件在Premiere软件的基础上更加提高了一步，是面向广播级视频处理的专业工具，可以使用户的创造力得到充分发挥。使用AE进行后期创作的效果如图1-5所示。

图1-4　片头截图　　　　　　　　　　　　图1-5　后期创作

AE同样保留了优秀的软件兼容性。它可以非常方便地调入Photoshop，Illustrator的层文件；Premiere Pro的项目文件也可以近乎完美地再现于AE中，甚至还可以调入Premiere Pro的EDL文件。新版本AE CS4还能将二维和三维的层在一个合成中灵活混合起来。用户可以在二维或者三维的层中工作或者将其混合起来，并在层的基础上进行匹配。使用三维的层切换可以随时把一个层转化为三维的；二维和三维的层都可以水平或垂直移动；三维层可以在三维空间里进行动画操作，同时保持与灯光、阴影和相机的交互影响，并且AE支持大部分的音频、视频、图文格式，甚至还能将记录三维通道的文件调入进行更改。

1.2.2　After Effect CS4新增特效

启动AE可以看到与以往版本不同的向导界面，如图1-6所示。

　新的向导界面将在下一节具体介绍，此处不做详解。

―――― **知识链接** ――――

AE CS4系统配置要求：

Windows系统：Microsoft Windows XP（带有Service Pack 2，推荐Service Pack 3）或Windows Vista Home Premium/Business/Ultimate/Enterprise（带有Service Pack 1，通过32位Windows XP以及32位和64位Windows Vista认证）；1.5GHz或更快的处理器；至少2GB内存，至少1.3GB可用硬盘空间用于安装；可选内容另外需要2GB空间；安装过程中需要额外的可用空间（无法安装在基于闪存的设备上）；1280像素×900像素屏幕，OpenGL 2.0兼容图形卡；DVD-ROM驱动器；使用QuickTime功能时需要安装QuickTime 7.4.5版或更高版软件。

AE CS4新增了3个特效。

（1）Cartoon特效：选择AE CS4菜单栏中的【Effect】/【Stylize】/【Cartoon】命令可调用此特效，【Cartoon】特效能对所应用的素材进行边缘的探测，将轮廓描画出来，然后对轮廓包围的色块进行分色和色彩的平滑处理。简而言之，就是一种卡通色度的处理工具。不需要设置复杂的参数，简单易用，添加【Cartoon】特效并设置参数后的效果如图1-7所示。

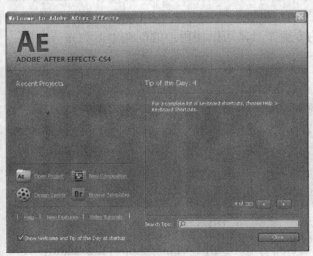

图1-6　AE CS4向导界面　　　　　　　　图1-7　Cartoon特效的效果

（2）Bilateral Blur特效：创建非常智能化的模糊。在AE CS4菜单栏中选择【Effect】/【Blur&Sharpen】/【Bilateral Blur】命令可调用此特效。运用此特效能将颜色区域中的皱褶抹平，同时还能保持边缘的锐度，它能替换以前所用的【Smart Blur】特效。添加【Bilateral Blur】特效并设置参数后的效果如图1-8所示。

（3）Turbulent Noise特效：在AE CS4菜单栏中选择【Effect】/【Noise&Grain】/【Turbulent Noise】命令可调用此特效。其优势在于速度更快，更精确，效果看起来更自然。主要的缺点就是不能循环。添加【Turbulent Noise】特效并设置参数后的效果如图1-9所示。

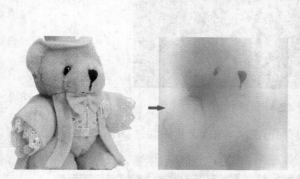

图1-8　Bilateral Blur特效的效果　　　　图1-9　Turbulent Noise特效

以上三种特效都支持GPU加速，对比其他特效，它们渲染速度更快。

AE CS4现在又多了一款绑定软件——Mocha。它是拥有独立平台的2.5D平面追踪与稳定程序。与AE原来那个只能设定影像中几个独立追踪点的程序不同，Mocha还能定义目标平面的外围边缘。

Mocha能创建一个外围遮罩来忽略掉追踪目标要去掉的部分，并定义一块与追踪面差别较大的特殊区域，它制作的效果也能拷贝进AE。但是此软件的UI与AE的差别很大，需要花多些时间来处理。

Adobe Creative Suite 4的一个大进步就是它们是集成的，特别是在After Effects和Premiere Pro之间的集成（例如可以导入Premiere Pro中的整个工程，不再是某个单独的序列）。AE CS4和Adobe其他软件之间还有一些非常棒的协同功能，例如，现在Photoshop CS4 Extended的功能已经相当成熟了，它允许以多种格式读取3D模型，能进行基本的材质处理和纹理映射，而且还能将文件作为PSD文件导出然后被AE CS4导入。

在AE的新版本AE CS4中加强了与Flash的关联，用户可以把一个合成文件以XFL格式导出，Flash CS4 Professional可以作为工程打开它。其中的每个图层在Flash里也是同样的图层和媒体文件。如果在AE里是PNG、JEPG、FLV格式，那么在Flash里也是同样的格式。如果是其他不被Flash识别的格式的图层，那么它们可以被渲染为PNG序列或FLV文件，不过导出时要记得确保开启了Alpha通道。

在AE CS4中有个很不错的新改动：X，Y和Z Position的值是分开的，它们有着各自独立的参数，因此在使用关键帧和Graph Editor时也意味着可以分开操纵了。

1.3　After Effects CS4的工作界面

双击桌面上的按钮，启动AE CS4应用程序，启动界面如图1-10所示。

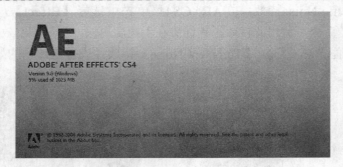

图1-10　AE CS4启动界面

出现启动界面5s～10s（秒钟）后，可以看到AE CS4的欢迎界面，如图1-11所示。

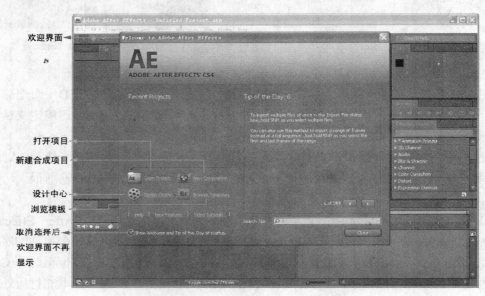

图1-11　AE CS4的欢迎界面

欢迎窗口提供了打开项目、创建新的合成影像以及进入设计中心和浏览模板的快捷方法，还可以搜索一些AE CS4的相关内容。取消勾选欢迎界面最下方的选项，然后单击 Close 按钮，可以关闭欢迎界面，重新启动AE CS4后，此界面将不再显示，从而直接进入工作界面。

1.3.1　AE CS4主要组成部分

AE CS4最容易看清的改变就是用户界面了。相对于AE CS3来看，AE CS4颜色更暗了，某些部分变小了，选定的图层条更具材质感了，还有其他的一些调整也不错，例如图层和合成的标记都有着同样的新特点，界面布局如图1-12所示。

AE CS4的工作界面大致可以分为：菜单栏、工具栏、项目窗口、合成影像窗口、时间线窗口、时间控制面板、音频面板、层对齐面板、效果面板等，下面将对AE CS4的主要界面进行介绍。

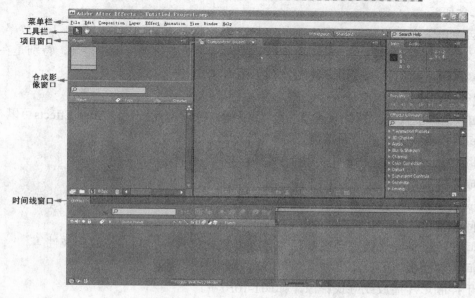

菜单栏 ←
工具栏 ←
项目窗口 ←

合成影
像窗口 ←

时间线窗口 ←

图1-12　After Effects CS4界面

菜单栏与工具栏

菜单栏包括File（文件）、Edit（编辑）、Composition（合成）、Layer（层）、Effect（特效）、Animation（动画）、View（视图）、Window（窗口）、Help（帮助）菜单项，如图1-13所示。

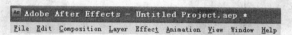

图1-13　菜单栏

工具栏中为用户提供了一些常用的操作工具，包括■选择工具、■推手工具、■缩放工具、■旋转工具、■轨迹相机工具、■移动背景工具、■遮罩工具、■钢笔工具、■文本工具、■画笔工具、■图章工具、■橡皮工具、■坐标模式，如图1-14所示。

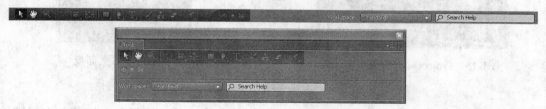

图1-14　工具栏

提示　此处两个图中的均为工具栏，AE CS4中可以将工具栏进行移动。

项目窗口

与之前的版本相同，AE CS4的项目窗口就像一个仓库，可以将参与合成的素材存储在该窗口中，并可显示每个素材的文件名称、格式和尺寸等信息，也可以对导入的素材进行查找、替换和删除等操作。当项目窗口中存有大量素材时，可以利用文件夹进行管理，项目窗口如图1-15所示。

项目窗口下方提供了一些很实用的工具，用户将其充分利用可以提高工作效率。

■文件夹工具：可以在项目窗口中建立文件夹，对素材进行组织整理，特别是在需要调用众多素材时，启用该工具可以使工作项目更有条理。

■创建合成影像：新建一个合成影像。

8 bpc颜色深度转换：按住【Alt】键，用鼠标左键单击此按钮，After Effects可以在8bit与16bit之间转换导入素材的颜色深度。

■垃圾箱：单击该按钮可以删除项目窗口中的素材。

合成影像窗口

合成影像窗口可直接显示出素材组合和特效处理后的合成影像。

时间线窗口

时间线可以精确设置在合成视频中各种素材的位置、时间、特效和属性等。

时间控制面板

用于控制影片播放或寻找影像，如图1-16所示。

信息面板

能够显示影片像素的颜色、透明度、坐标，还可以在渲染影片时显示渲染提示信息、上下文的相关帮助提示等，如图1-17所示。

图1-15　Project窗口（项目窗口）

图1-16　时间控制面板

图1-17　信息面板

音频面板

用于显示播放影片时的音量级别，调节左右声道的音量，如图1-18所示。

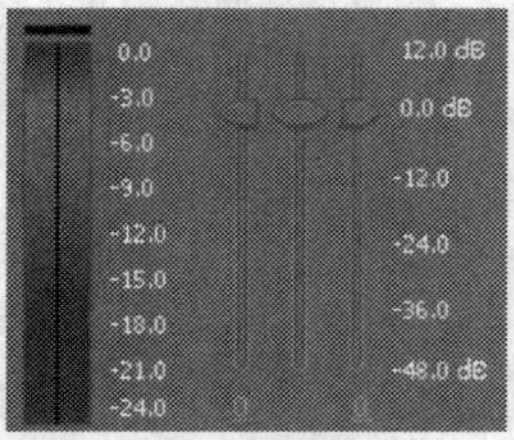

跟踪控制面板

可以对某物体跟踪另外的运动物体所产生的运动过程进行控制，这样会产生一种跟随的动画效果，如图1-19所示。

运动模拟面板

使用运动模拟面板对当前层进行拖曳操作时，系统会自动对层设置相应的位置关键帧，其界面如图1-20所示。

图1-18　音频面板

1.3.2　制定自己的工作界面

　　无论是在生活中还是工作中，每个人都有不同的习惯和喜好，这也同样体现在软件操作中，用户可以按自己的喜好对AE CS4的工作界面进行设置。

　　在菜单栏中选择【Window】项，在弹出的关联菜单中可以选择相应的面板进行设置，在每项命令后都有相对应的快捷键，灵活掌握快捷键能提高工作效率，关联菜单如图1-21所示。

图1-19　跟踪控制面板

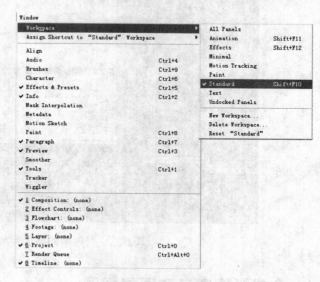

图1-20　运动模拟面板

图1-21　关联菜单

　　AE CS4的工作界面一般情况为【Standard】（标准）界面，如果选择【Minimal】界面，则界面将会变成最简洁的形式，如图1-22所示。

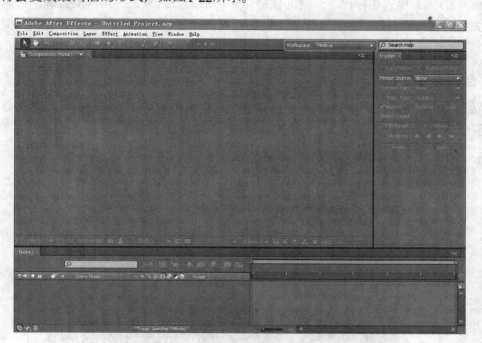

图1-22　最简洁界面

除了选择AE CS4提供的界面，还可以根据需要将相应的面板释放到工作区，如图1-23所示。

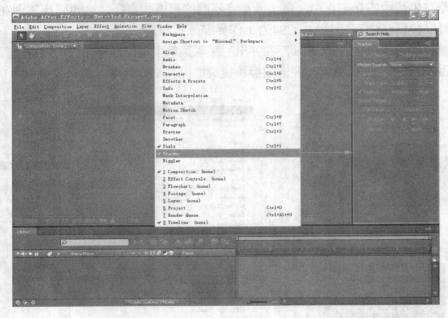

图1-23　将选中的面板释放到工作区

1.4　合成影像窗口和图层视图

合成影像窗口不仅具有预览功能，还可以管理素材、缩放窗口比例、当前时间、分辨率、图层线框、3D视图模式和标尺等。时间线窗口采用层的方式来进行影片的合成，可以安排层之间的关系，也可以对层顺序和关键帧动画进行操作，这两个窗口均是AE中非常重要的组成部分。

1.4.1　合成影像窗口

合成影像窗口显示最终的合成影像，其中的各个窗口均可进行拖动以显示全部命令，如图1-24所示。

图1-24　合成影像窗口

合成影像的缩放控制框：单击右侧的小按钮可以在弹出的关联菜单中选择相应的百分数来设制在合成影像窗口中素材的大小，如图1-25所示。

线框显示：单击此按钮右下方的小三角按钮，可以选择更多的线框显示方式。

时间显示框：显示合成影像的当前时间。有时间码、帧、英尺+帧三种计时显示方式。单击该按钮可以弹出【Go To Time】对话框，如图1-26所示。

图1-25　影像缩放比例

图1-26　"Go to Time" 对话框

知识链接

合成影像缩放控制的快捷键为键盘上的【<】键和【>】键。

相机：能够对当前合成影像进行截屏操作，方便不同影像之间的对比。

截屏影像显示：单击此按钮后，该图标会由虚变实，表示可以单击它显示上次截屏的影像。

RGB通道：可以分别显示合成影像的红、绿、蓝、Alpha等通道。

(Half)：控制合成影像的显示质量。分数值越小，影像越粗糙，刷新速度越快。

Active Camera：单击其右侧的小按钮可以选择顶、前、左等多个视口。

1.4.2　时间线窗口

时间线窗口可以随时间设置层的变化，将很多控制面板和控制器有组织的结合在一起，如图1-27所示。

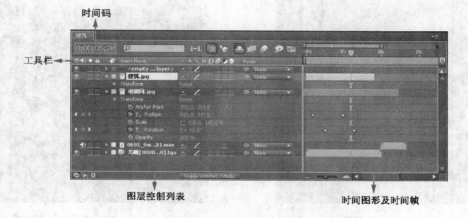

图1-27　时间线窗口

时间码：显示当前时间，单击该项可以打开【Go To Time】对话框。

工具栏：用于操作及设置图层。

图层控制列表：包括每个层的标签、号码和名称。单击层左边的▶按钮，可以展开层的属性，还可以设置Masks（遮罩）、Effects（滤镜）、Transform（变形）等属性。

时间图形及时间帧：能确定切入点或切出点的值，也能够显示每个层上的关键帧位置。

1.5 实例：制作一个简单的栏目片头

本例首先制作栏目片头的背景，再在其中为其添加两个特效并通过设置关键帧使其运动，然后创建一个文字层，并输入文字进行相关动画设置，效果如图1-28所示。

图1-28　实例效果

操 作 步 骤

步骤❶ 双击 AE 图标，启动AE CS4应用程序。

步骤❷ 选择菜单栏中的【Composition】/【New Composition】命令，新建一个合成影像文件，命名为"星星"，在弹出的【Composition Settings】对话框中设置参数，如图1-29所示。

制作背景

步骤❸ 在菜单栏中单击【Layer】/【New】/【Solid】命令，打开【Solid Settings】对话框，新建一个固态层，命名为"背景"，再设置该背景层的颜色，然后单击 OK 按钮，关闭对话框，如图1-30所示。

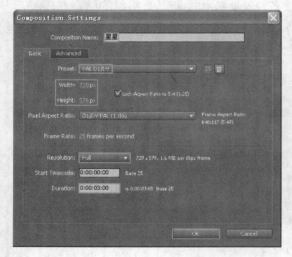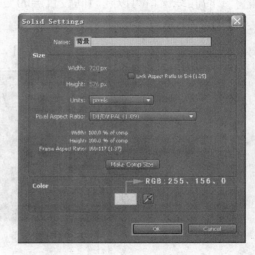

图1-29　设置参数　　　　　　　　　　　　　　图1-30　创建一个固态层

知识链接

创建合成影像的快捷键为【Ctrl+N】；创建固态层的快捷键为【Ctrl+Y】。

步骤 4 在菜单栏中选择【Effect】/【Noise&Grain】/【Fractal Noise】命令，添加一个分形噪波特效，效果如图1-31所示。

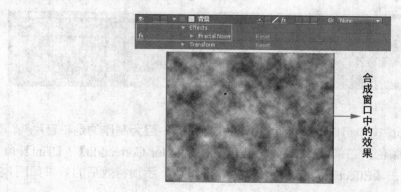

图1-31 添加的特效

步骤 5 在时间线窗口中分别单击【Fractal Noise】项和【Transform】项前面的"三角形"小按钮，在展开的细节选项中设置参数，调整参数后的效果如图1-32所示。

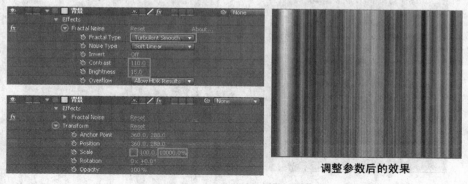

调整参数后的效果

图1-32 设置参数

提示 此处设置的特效参数，也可以在【Effects Controls】面版中调整。

知识链接

分形噪波效果一般用来模拟云层、烟雾等无规律的物体运动效果。

步骤 6 此时的背景是静止的，要使其运动起来可以对其设置关键帧，在时间帧为0帧的位置，单击【Fractal Noise】（分形噪波）特效下【Evolution】项前的按钮，设置一个关键帧，如图1-33所示。

步骤 7 将时间帧从第0帧拖动到最后一帧，设置【Evolution】参数为（1×110°），如图1-34所示。

图1-33　设置关键帧

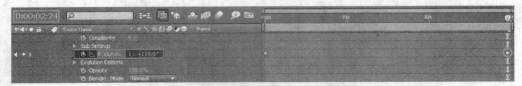

图1-34　设置参数

步骤⑧ 在合成影像窗口可以看到此时的效果是黑白的，因为制作的是栏目片头，因此还需要为"背景"添加颜色。在菜单栏中选择【Effect】/【Color Correction】/【Tint】命令，添加一个着色特效，并在【Effect Controls】面板中设置参数，添加特效后的效果如图1-35所示。

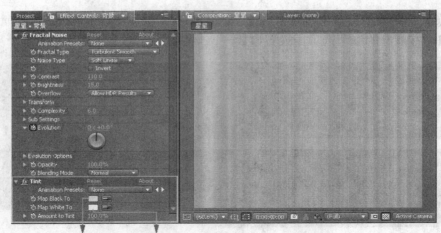

RGB：255、144、0　　RGB：255、216、0

图1-35　添加特效的效果

步骤⑨ 接下来，我们要在背景层上制作一些星星图形。在菜单栏中选择【Layer】/【New】/【Text】命令，新建一个文字层，在合成影像窗口中输入一共25个【★】和【☆】这两种图形，并在【Character】面板中设置参数，然后在【Paragraph】面板中单击■按钮，将其居中放置，效果如图1-36所示。

提示　此处的两种星星图形可以在五笔输入法中用鼠标右键单击五笔语言栏最右侧的■（定位）按钮，在弹出的关联菜单中选择【特殊符号】，然后在弹出的键盘中选择。

步骤⑩ 下面制作星星的位移动画。在时间线窗口中单击【Animate】动画选项右侧的"三角形"按钮，在弹出的菜单中选择【Position】（位置）命令，在【Animator1】面板中设置【Position】参数为（800，800），如图1-37所示。

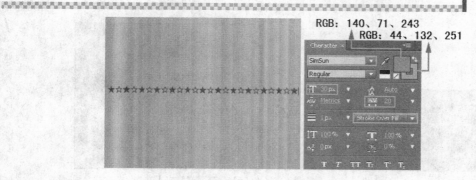

图1-36 创建并设置文字层

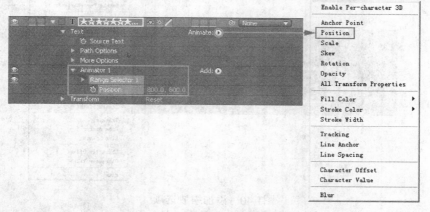

图1-37 添加位置选项

步骤 ⑪ 单击【Animator1】旁【Add：】项右侧的"三角形"按钮，在弹出的菜单中选择【Selector/Wiggly】（扭动）命令，如图1-38所示。

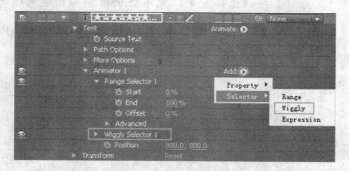

图1-38 选择的命令

步骤 ⑫ 单击【Wiggly Selector1】前面的"三角形"小按钮，在展开的选项中设置参数，效果如图1-39所示。

步骤 ⑬ 再次单击文字层下【Animate】动画选项右侧的"三角形"按钮，在弹出的菜单中选择【Scale】（缩放）命令，并在产生的【Animator2】选项下设置【Scale】为（800.0，800.0），运用此命令制作星星的缩放动画，如图1-40所示。

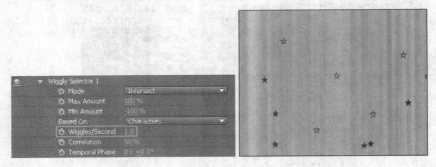

图1-39　设置参数

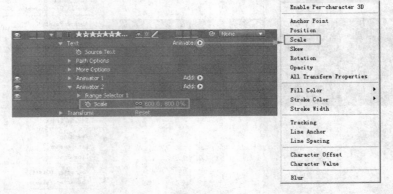

图1-40　添加缩放选项

用户在为文字层添加【Animator2】动画时，可能会出现将命令添加到【Animator1】中的情况。此时用户可以先单击【Text】选项，再单击【Animate】项右侧的"三角形"按钮选择命令，就不会出现添加错误的情况了。

步骤 ⑭ 在【Animator2】选项右侧单击【Add：】旁的小"三角形"按钮，选择【Selector】/【Wiggly】命令，并设置参数，设置后的效果如图1-41所示。

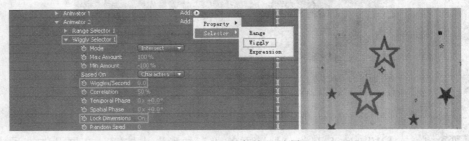

图1-41　设置参数及效果

步骤 ⑮ 最后为星星添加色彩。单击文字层下【Animate】动画选项右侧的"三角形"按钮，在弹出的菜单中选择【Fill Color】/【Hue】（填充色彩）命令，则会在【Text】选项下产生【Animator3】项，如图1-42所示。

步骤 ⑯ 在【Animator3】选项下设置【Fill Hue】参数，然后用前面介绍的方法单击【Add：】项右侧的小按钮，并选择【Wiggly】命令设置参数，如图1-43所示。

步骤 ⑰ 按【空格】键预览动画，效果如图1-44所示。

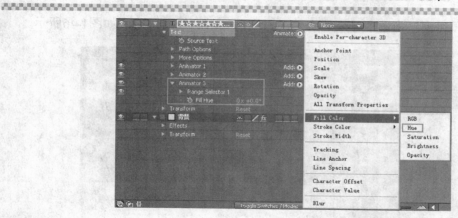

图1-42　添加色彩

图1-43　设置参数

图1-44　动画效果

步骤 18 选择【File】/【Import】/【File】命令，在弹出的【Import File】对话框中选择"文字.tif"文件，将其导入AE CS4项目窗口中，如图1-45所示。

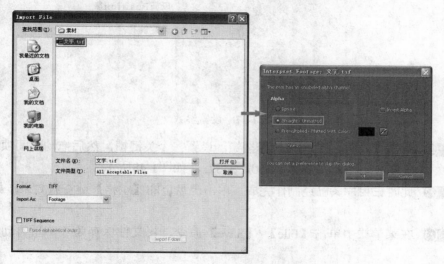

图1-45　导入文件

步骤 ⑲ 在项目窗口中选中导入的文件，将拖动到时间线窗口中，如图1-46所示。

导入素材后的效果

图1-46　将素材拖动到时间线窗口中

步骤 ⑳ 在时间线窗口中单击"文字"层前面的"三角形"按钮，将其展开，确定时间指针在第0帧，设置其【Position】参数，如图1-47所示。

设置Position参数，将文字调整至背景下方

图1-47　设置参数

步骤 ㉑ 单击【Position】项前的◎按钮，设置一个关键帧，然后拖动时间帧至1秒的位置处，再次调整【Position】参数为（360，330），如图1-48所示。

步骤 ㉒ 此时栏目片头已经制作完成，单击键盘上的【空格】键查看效果，如图1-49所示。

步骤 ㉓ 在菜单栏中单击【File】/【Save】命令，将文件保存为"群星舞动.aep"。

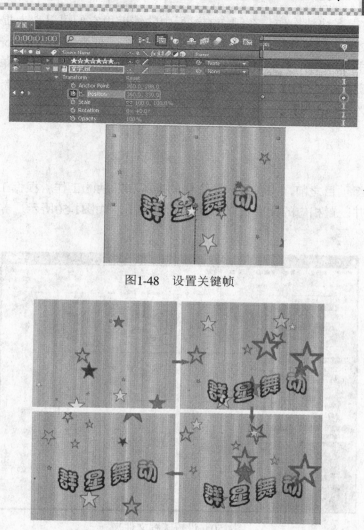

图1-48 设置关键帧

图1-49 动画效果

1.6 项目流程总结

本项目制作了一个栏目片头，片头一般都要具有足够的视觉冲击力，因此一般多用较鲜艳的颜色。

在制作过程中，首先制作的是片头的背景。打开AE CS4之后，先要创建一个合成影像，设置相关的参数（【PAL D1/V1】是中国地区使用的形式，以NTSC开头的形式则多为北美地区使用），再创建一个固态层，固态层的主要作用是为场景添加单色背景或在层中添加特效与源素材进行叠加。

其次为"背景"分别添加Fractal Noise特效和Tint特效，通过设置参数使"背景"由静止变为运动。然后再制作随机运动的星星，先建立文字层输入星号，单击【Animation】动画选项制作星星的位置动画，使用【Wiggly】命令，再运用【Scale】命令制作点的缩放动画，最后运用【Fill Hue】命令为其添加色彩。

AE CS4中有很多快捷操作，在制作的过程中熟练运用它们可以大大提高操作速度，例如在最后导入素材时，用鼠标左键在【项目窗口】中双击，便会弹出【Import File】对话框。

最后可以单击【Preview】窗口中的▶按钮，观看制作的效果，也可以单击键盘中的【空格】键，或者小键盘中的【0】键进行预览，然后可将制作的片头进行保存并为其命名，保存操作的快捷键为【Ctrl+S】。

课后练习

在制作一个新项目之前，需要做一些资料的准备和归纳的工作。根据工程需要，建立一个工程文件夹，并设置相应的文件夹以方便制作时使用，如图1-50所示。养成良好的工作习惯也能提高工作效率。

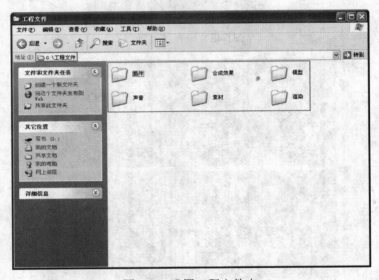

图1-50　设置工程文件夹

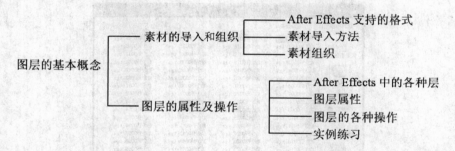

第**2**课

图　层

图层的概念起源于动画电影的制作。制作动画时首先画一个背景层，然后在这上面制作前景，根据离镜头的远近，将它们分别画在不同的透明胶片上，再层叠在背景层上。这样一方面可以避免大量的重复劳动，另一方面当镜头移动时，不同层次胶片的移动，可造成景深的动感效果。

在很多软件中都涉及到了图层，例如Photoshop、CAD等，它们在原理和运用上也有很多相似的地方。

本课知识结构：

```
                                    ┌─── After Effects 支持的格式
                        ┌─ 素材的导入和组织 ├─── 素材导入方法
                        │                  └─── 素材组织
        图层的基本概念 ─┤
                        │                  ┌─── After Effects 中的各种层
                        └─ 图层的属性及操作 ├─── 图层属性
                                           ├─── 图层的各种操作
                                           └─── 实例练习
```

就业达标要求：

1：掌握导入素材的方法。

2：熟练时间线窗口的操作。

3：掌握图层的基本属性。

4：熟练使用图层中的各种命令。

2.1　素材的导入和组织

调用素材是指将项目事先准备好的素材调用到项目中，AE中的合成及特效是基于层的上下及前后关系制作的，即通过将导入项目的素材进行组合，按时间排序，以图层进行叠加来完成工作。导入素材的效果如图2-1所示。

层大致可以分为：视频或序列帧、Solid（AE自创的2D元素）、Mask（遮罩）、图片文件、声音文件五种，层的上下关系可以使层之间产生覆盖、遮挡，其前后关系可以使合成影像随时间流逝显现出不同的素材影像。

调用素材首先要在菜单栏中选择【File】/【Import】/【File】命令，打开【Import File】对话框，如图2-2所示。

图2-1　导入文件

图2-2　打开【Import File】对话框

 此处只选择一个文件，如果要选择更多文件可以勾选【Import File】对话框下方的【Targa Sequence】选项。

　　选择要调用的素材，单击 打开(O) 按钮，将素材导入【Project】项目窗口中。

2.1.1　AE支持的格式

　　AE CS4支持多种不同格式的素材，如图2-3所示。

图2-3 导入各种不同格式的素材

AE支持大部分的视频、音频、影像以及图形文件格式，甚至能将记录三维通道的文件导入并进行修改。

（1）IFF文件交换格式：IFF支持RGB、索引、灰度和位图颜色模式，但不支持Alpha通道。

（2）BMP格式：可分为黑白、16色、256色和真彩色几种形式。

（3）FLC格式：是Autodesk公司的动画文件格式。这种格式的文件是一个8位动画文件，每一帧都是一个GIF影像。

（4）CIN、DPX CIN格式：通常是用于转换电影的数字格式。

（5）AI格式：是Adobe Illustrator的标准格式，是矢量图形格式。

（6）EPS格式：是封闭的PostScript语言文件格式。可以包含矢量和位图图形，为所有的图形、示意图和页面排版程序所支持。在Photoshop中打开包含矢量图的EPS格式文件时，Photoshop会对此文件进行栅格化。

（7）JPG格式：静态影像标准压缩格式。

（8）PICT格式：是包含在Mac OS文件资源部分中的PICT文件格式，支持带一个Alpha通道的RGB文件和不带Alpha通道的索引颜色、灰度及位图模式。

（9）PNG格式：用于在万维网上无损压缩和显示影像。与GIF不同，PNG格式支持24位影像，产生的透明背景没有锯齿边缘。但较早版本的浏览器不支持PNG格式。

PNG格式文件支持带一个Alpha通道的RGB和灰度模式以及不带Alpha通道的位图、索引模式。

（10）PSD格式：是Photoshop的专用存储格式。采用Adobe的专用算法，能很好地配合AE使用。

（11）MOV格式：是计算机上的标准视频格式，可以用QuickTime软件打开。

（12）AIF格式：是苹果公司使用的音频格式。可以用QuickTime软件打开。

（13）GIF格式：图形交换格式，是8位影像文件格式，多用于网络传输。缺点是只能处理256种颜色。

（14）TIFF格式：最早是为存储扫描仪影像设计的。它的最大特点是与计算机结构、操作系统以及图形硬件系统无关，可以处理黑白、灰度、彩色影像。对于介质之间的数据交换，TIFF是位图的最佳选择之一，但其结构复杂，变体很多，兼容性较差。

（15）TGA格式：是True Vision公司推出的文件格式。这是一种图形、影像数据通用格式，是专门为捕获电视影像所设计的一种格式。此格式广泛被国际上的图形、影像工业接受，成为数字化影像以及光线追踪和其他应用程序（如3ds Max）所产生的高质量影像的常用格式。

（16）AVI格式：由Microsoft制定的PC标准视频格式。

（17）WAV格式：用于将音频记录为波形文件的格式。

（18）RLA、RPE格式：是可以包括3D信息的文件格式。

（19）SGI格式：基于SGI（美国图形工作站生产厂商）平台的文件格式。

（20）PIC格式：是Softimage中输出的可以包含3D信息的文件格式。

2.1.2　素材的导入方法

导入素材的常用方法有三种：第一种是在菜单栏中选择【File】/【Import】/【File...】命令，在弹出的【Import File】对话框中选择文件；第二种是直接按快捷键【Ctrl+I】，打开【Import File】对话框。第三种是在项目窗口中的空白处双击，即可打开【Import File】对话框。第一种方法的操作如图2-4所示。

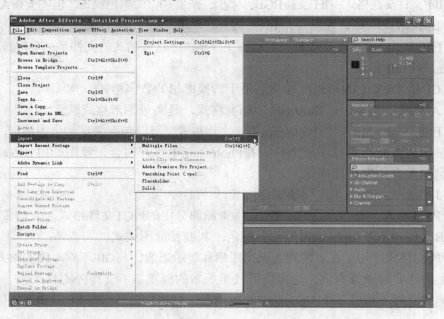

图2-4　选择的菜单命令

在【Import File】对话框中选中要导入的素材，然后单击 打开⑩ 按钮，即可将文件导入AE中。然后在项目窗口中将素材拖动至其下方的 按钮上，将创建一个大小与素材相匹配的合成影像，其相关属性（如，素材的尺寸）将在项目窗口中显示，如图2-5所示。

如果要导入带有AE无法确认的Alpha通道的素材，则会弹出【Interpret Footage】对话框，如图2-6所示。

在AE中导入带有Alpha通道的文件时，如果Alpha通道未标记类型，将弹出窗口提示选择通道的类型。

Ignore为忽略透明信息。

Straight Alpha通道将素材的透明信息保存在独立的Alpha通道中，也被称做Unmatted Alpha（不带遮罩的Alpha）通道。Straight Alpha通道在高标准、高精度颜色要求的电影中能产生较好的效果，但它只是在少数程序中才能使用。

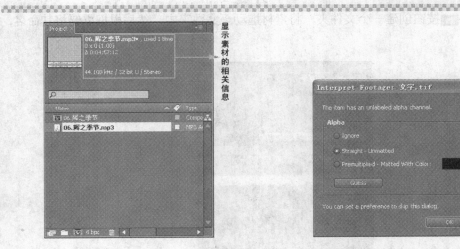

图2-5 素材属性

图2-6 【Interpret Footage】对话框

Premultiplied Alpha通道保存Alpha通道中的透明信息，它也保存可见的RGB通道中的相同信息，因为是以相同的背景色被修改的，所以Premultiplied Alpha也被叫做Matted Alpha（带有背景色遮罩的Alpha）通道，其优点是有广泛的兼容性，大多数的软件都能使用这种Alpha通道。

选择【Edit】/【Preferences】/【Import】菜单命令，在弹出的【Preferences】对话框中进行设置，可以调整素材的相关属性，如图2-7所示。

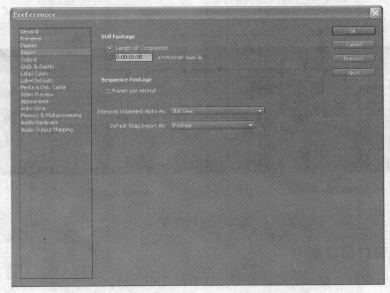

图2-7 【Preferences】对话框

【Still Footage】组可以定义层的持续时间。
【Sequence Footage】组可以设置每秒的关键帧数。

2.1.3 素材的组织

如果要导入的是一个图片序列，则需要勾选【Import File】对话框下方的【Targa Sequence】选项；项目窗口的大小是有限的，如果导入的素材过多，则需要进行整理。可以在项目窗口中单击■按钮创建一个文件夹，将素材拖动至文件夹中，然后根据需要将其命名，如图2-8所示。

图2-8　整理素材

2.2　Timeline窗口介绍

时间线窗口可以分为三大区域：时间线区域、控制面板区域、层区域。每一个合成影像都有一个对应的时间线窗口，如图2-9所示。

控制面板区域

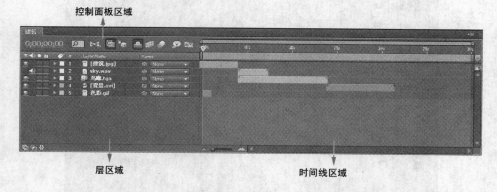

层区域　　　　　　　　　　　　　　时间线区域

图2-9　时间线窗口

2.2.1　时间线窗口的功能

Timeline（时间线）窗口的功能主要包括下面几个方面。

（1）对视频进行空间操作，如移动、缩放、旋转等。

（2）设置素材层的时间位置、素材长度、叠加方式、渲染范围、合成长度。

（3）设置素材的特效、动画、三维等。

2.2.2　时间线窗口的主要工具按钮

时间线窗口一般不显示全部面板。在面板上单击鼠标右键，在弹出菜单中可以选择显示或隐藏所要调整的面板。拖动面板右边的竖条即可改变面板大小，按住鼠标左键拖动面板可以改变面板的位置，如图2-10所示。

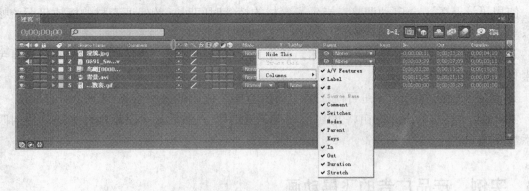

图2-10　调整面板区域

（1）素材特征：包括视频、音频、隔离、锁定。

👁（视频开关）：打开或关闭视频显示。

🔊（音频开关）：打开或关闭音频的声音。

◉（隔离开关）：打开该开关的层，可以单独显示及渲染。

🔒（锁定开关）：打开该开关可以防止对层产生误操作。

图2-11　层属性

（2）层概述面板可以显示：素材的名称、层编号以及层面板因编辑附加上的特性等，单击■按钮，可以展开该层的所有属性，如图2-11所示。

（3）各种开关：层隐藏开关、塌陷开关、显示质量开关、效果开关、帧融合开关、运动模糊开关、调节层开关、3D图层开关，如图2-12所示。

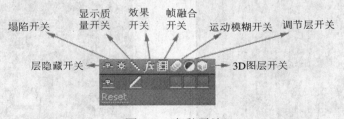

图2-12　各种开关

关键帧标记：可以快速将时间标记移动到各个关键帧处，还可以建立或取消关键帧。

层隐藏开关：单击此按钮即可隐藏该层。

塌陷开关：当该层是一个合成影像时，该开关是塌陷开关，打开开关可以改进影像质量并缩短预览时间。如果该层是Adobe Illustrator文件时，该开关是连续光栅化开关，打开开关可以改进影像质量，但会增加预览及渲染时间。

显示质量开关：可以在粗糙与精确间切换显示质量。

效果开关：此开关只对使用了特效的层有效。关闭特效后可以提高预览速度。

帧融合开关：可对素材层应用帧融合技术。当素材的帧速率与合成影像的帧速率不符合时，使用了该开关，会自动调整。当延长素材的持续时间时，为保证素材的播放仍旧流畅，可以单击此按钮，程序会自动在帧之间添加过渡帧。

运动模糊开关：可以运用模糊技术，模拟真实的运动效果。该按钮只对层的运动有关，对素材中的运动无效。

调节层开关：单击此按钮可使该层变为调节层，该层的效果会影响下面所有的层。

3D图层开关：单击此按钮将2D图层转变为3D图层，然后就可以添加灯光层，投射阴影或添加摄像机层。

2.3　实例：产品广告的飞屏动画

本例主要学习如何通过设置层的属性制作简单的动画。首先创建一个合成影像，然后创建一个固态层，再导入需要的素材，设置关键帧，调整其参数，然后为其添加特效。

操 作 步 骤

步骤❶　双击AE图标，启动AE CS4应用程序。

步骤❷　在项目窗口中单击■按钮，打开【Composition Settings】对话框，创建一个合成影像文件，命名为"广告"，如图2-13所示。

步骤❸　在时间线窗口中单击鼠标右键，在弹出的关联菜单中选择【New】/【Solid】命令，打开【Solid Settings】对话框，新建一个固态层，命名为"背景"，设置其颜色为白色，然后单击 OK 按钮，关闭对话框，如图2-14所示。

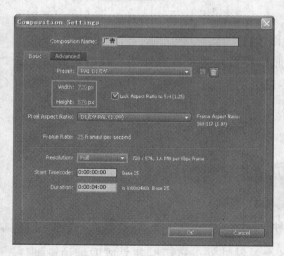

图2-13　创建合成影像

图2-14　创建固态层

步骤❹　在时间线窗口中拖动背景层，将其时间帧长度调整到4秒，如图2-15所示。

此处如果要调整层的长度可以用前面介绍的知识，在菜单栏中单击【Edit】/【Preferences】/【Import】命令，勾选【Length of Composition】选项。在默认的情况下，【Preferences】对话框中勾选的为【Length of Composition】选项，如果不慎勾选了其他选项，可以再进行调整。

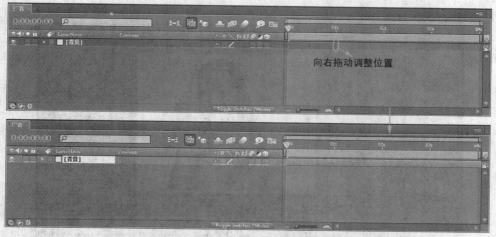

图2-15 调整背景层时间帧的长度

步骤⑤ 在项目窗口中双击，在弹出的【Import File】对话框中选择要导入的文件，如图2-16所示。

图2-16 导入文件

步骤⑥ 将导入的"girl.jpg"文件素材从项目窗口中拖动至时间线窗口中的背景层上方，然后将其时间帧长度调整到2秒与3秒中间的位置，调整后的素材如图2-17所示。

步骤⑦ 在时间线窗口中选中导入的素材文件，按键盘上的【P】键，单击【Position】项前面的■按钮，设置一个关键帧，调整参数，如图2-18所示。

步骤⑧ 将时间线调整至1秒6帧的位置，再次调整参数，设置一个关键帧，如图2-19所示。

步骤⑨ 将时间线调整至2秒12帧的位置，再次调整参数，设置一个关键帧，如图2-20所示。

图2-17　调整层的时间帧位置

图2-18　设置关键帧和参数

图2-19　在1秒6帧处设置关键帧

图2-20　在2秒12帧处设置关键帧

步骤 10 将时间线指针调整至第0帧的位置，选中导入的素材文件，按【R】键，单击【Rotation】（放置）项前面的◎按钮，设置一个关键帧，调整参数，如图2-21所示。

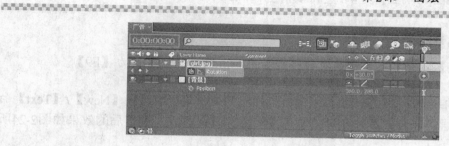

图2-21 在第0帧设置关键帧

步骤 ⑪ 将时间线调整至1秒6帧的位置,将【Rotation】参数调整为0,设置一个关键帧,如图2-22所示。

合成窗口中的效果

图2-22 调整参数

步骤 ⑫ 按【P】键展开【Position】项,按住【Shift】键,在时间线窗口中选中所有的关键帧,单击鼠标右键,在弹出的关键菜单中选择【Keyframe Assistant】/【Easy Ease】命令,使动画实现缓入缓出的效果,如图2-23所示。

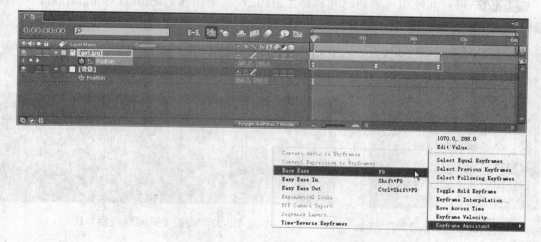

图2-23 设置缓入缓出效果

知识链接

【Easy Ease】命令可以使动画运动得更加柔和、顺畅，快捷键为【F9】。

步骤 ⑬ 在时间线窗口中单击鼠标右键，在弹出的关联菜单中选择【New】/【Text】命令，创建一个文字层，在合成影像窗口中输入文字，并设置参数，调整后的效果如图2-24所示。

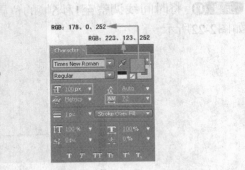

图2-24　创建文字层

步骤 ⑭ 在时间线窗口中调整文字层的位置和长度，如图2-25所示。

图2-25　文字层的位置

步骤 ⑮ 在视图中选中文字层，选择菜单栏中的【Effect】/【Transition】/【Card Wipe】命令，为其添加一个【Card Wipe】（卡片翻转）特效，并设置参数，如图2-26所示。

步骤 ⑯ 将时间线窗口中将时间调整至2秒12帧，单击【Transition Completion】项前面的⑤按钮，设置一个关键帧，调整参数，如图2-27所示。

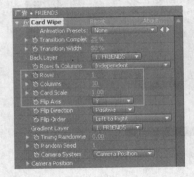

图2-26　设置【Card Wipe】特效参数　　　　图2-27　设置关键帧并调整参数

步骤⑰ 将时间指针调整到最后，设置【Transition Completion】的参数为100%，如图2-28所示。

步骤⑱ 在时间线窗口中选中文字层，按【Ctrl+D】键，将文字层复制一个，然后选中复制后的图层，单击【Enter】键将复制后的文字层命名为"光芒"。

步骤⑲ 选择菜单栏中的【Effect】/【Color Correction】/【Levels】命令，为复制后的文字层添加一个色阶特效，设置参数，如图2-29所示。

步骤⑳ 选择菜单栏中的【Effect】/【Blur&Sharpen】/【Directional Blur】命令，再为其添加一个方向模糊特效，并设置参数，如图2-30所示。

设置关键帧后的动画截图

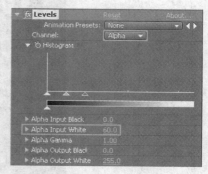

图2-28 设置参数

图2-29 添加色阶特效并设置参数

步骤㉑ 至此，产品广告的飞屏动画制作完成，单击【Preview】窗口中的■按钮，查看效果，部分截图如图2-31所示。

步骤㉒ 选择【File】/【Save】命令，将文件保存为"广告飞屏动画.aep"。

图2-30 添加方向模糊特效

图2-31 截图效果

2.4 图层的基本属性

2.4.1 AE中的各种层

在AE中层按功能分为：固态层、素材层、合成层、调节层、灯光层、摄像机层、空物体层和文字层几种。

（1）固态层：在前面的例子中曾经使用过固态层。在菜单栏中选择【Layer】/【New】/【Solid】命令，或在时间线窗口中单击鼠标右键，选择【New】/【Solid】命令，在弹出的对话框中进行相应的设置，然后单击■■■■按钮即可创建一个固态层，如图2-32所示。

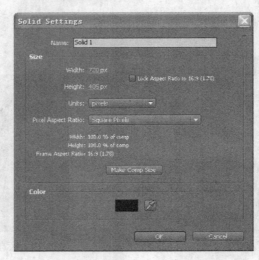

图2-32 【Solid Settings】对话框

固态层的主要作用是为场景添加单色背景或在层中添加特殊效果，以便与源素材进行叠加、合成。创建固态层的快捷键为【Ctrl+Y】。

（2）素材层：从项目窗口中拖动任一素材到时间线窗口或合成影像窗口中，即可形成一个素材层。

通过前面的实例操作可以发现创建素材层的方法不同，其结果也有所不同：将素材拖入合成影像窗口中，影像的中心将会与鼠标的落点对齐；而将素材拖入时间线窗口中，影像中心将自动与合成影像窗口的中心对齐。

素材的尺寸并不会自动与合成影像的尺寸匹配，还需要调整素材层的缩放属性。如果该层是由静态图片形成的，AE默认的静态图片素材层的持续时间与合成影像的持续时间相同。用户还可以通过在时间线窗口中拖动该层的右端，来改变层的持续时间，如图2-33所示。

另外还可以在菜单栏中选择【Edit】/【Preferences】命令，在弹出的【Preference】对话框中设置时间，如图2-34所示。

合成层：合成层中可以是固态层或素材层的合成影像，还可以将合成层影像拖到其他的合成影像中，形成合成层，即层的嵌套。

调节层：在菜单栏中选择【Layer】/【New】/【Adjustment Layer】命令，或在时间线窗口中右击，在关联菜单中选择【New】/【Adjustment Layer】命令，即可创建一个调节层。

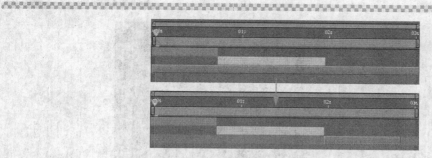

图2-33 调整层的持续时间

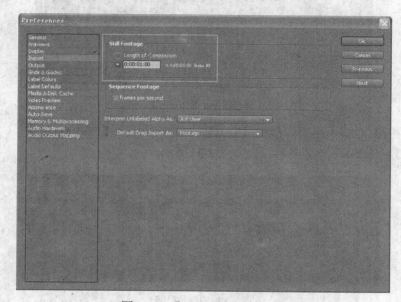

图2-34 【Preference】对话框

灯光层：选择菜单栏中的【Layer】/【New】/【Light】命令，或在时间线窗口中右击，在弹出的关联菜单击选择【New】/【Light】命令，可打开【Light Settings】对话框如图2-35所示。

可以在此对话框中设置灯光的名称、类型、颜色、强度等参数。

摄像机层：同样可以选择菜单栏中的【Layer】/【New】/【Camera】命令，或在时间线窗口中右击，在弹出的关联菜单中选择【New】/【Camera】命令，然后在弹出的【Camera Settings】对话框中设置摄像机的相关参数，如图2-36所示。

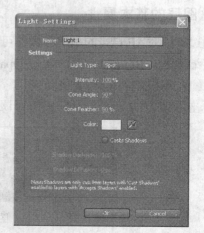

图2-35 【Light Settings】对话框

在此对话框中可以定义摄像机层的名称及摄像机的各种属性，通常使用默认属性，然后单击 OK 按钮关闭对话框，即可生成摄像机层。与灯光层相同，摄像机层也只对3D图层起作用。

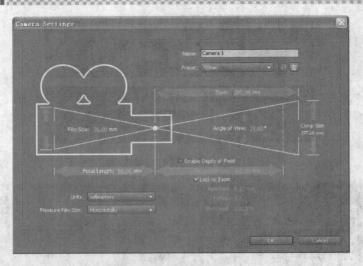

图2-36 【Camera Settings】对话框

其他层：在AE CS4中还可以创建【Text】（文字层）、【Null Object】（空物体层）、【Sharp Layer】（图形层）等各种层，如图2-37所示。

图2-37 其他的层

2.4.2 图层的基本属性

通过之前对AE CS4的了解和操作可以发现层有若干属性，可以定义其Position（位置）、Scale（缩放）、Rotation（旋转）、Opacity（透明度）等属性，并且这些属性几乎均可以设置关键帧，可以随时间的变化而变化。

单击层前方的"三角形"按钮可展开层，如图2-38所示。

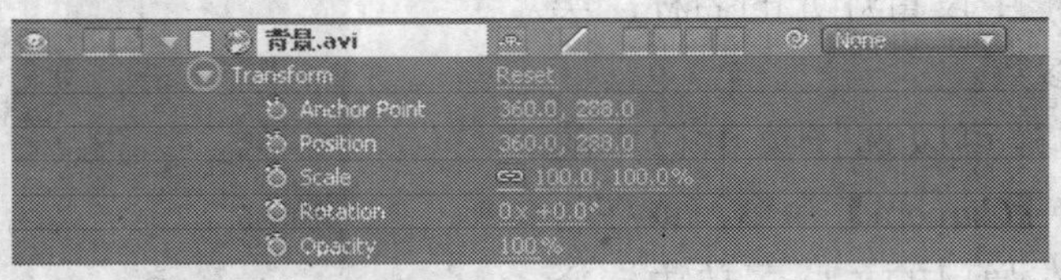

图2-38 展开的层

对于没有添加遮罩和效果的素材层，只有变换属性，可以为其分别定义锚点位置、层的位置、缩放、旋转和透明度属性。这些属性均可以设置关键帧，单击属性左侧的█按钮就可以为该属性在此时间点上定义一个关键帧。将时间标志移动到另一时间点，变换该属性的参数，就可以定义另一个关键帧。任何操作的设置，关键帧都不会少于两个。

因为时间线窗口的空间有限，如果将每个层都全部展开，窗口会显得十分混乱，因此只在需要某个属性的时候单独将其打开进行操作即可。

1. Anchor Point（锚点位置）：AE中以轴心点为基准进行相关属性的设置。在默认状态下轴心点在对象的中心，随着轴心点位置的变化，对象的运动状态也会发生变化。当轴心点在物体中心时，旋转情况下物体沿轴心自转；当轴心点在物体中心时则物体沿轴心点公转。

可用以下方式改变轴心点。

（1）选中要改变轴心点的对象，按键盘上的【A】键打开其【Anchor Point】对话框，改变参数即可。

（2）在带下画线的参数栏上右击，在弹出菜单中选择【Edit Value】命令打开【Anchor Point】轴心点属性对话框，设置参数，如图2-39所示。

（3）轴心点的坐标相对于层窗口，而不是相对于合成影像窗口。在合成影像窗口可以用这个方法改变对象轴心点：在工具面板中选择■（移动背景）按钮，然后在合成影像窗口中将要改变轴心点的对象拖动至新位置即可，锚点是层的旋转中心，其快捷键为【A】。

2. Position（层位置）：AE中可以通过关键帧针对对象的位置设置动画。设置动画后在合成影像或层窗口中会以路径的形式表示对象的移动状态，如图2-40所示。

AE中可以通过数字和手动方式对层的位置进行设置：选择要改变位置的层，在目标时间位置上按【P】键，展开其【Position】属性框，在带下画线的参数栏上按住左键左右拖拉更改数据；也可以右击参数，在弹出的关联菜单中选择【Edit Value】命令来修改。运动路径以一系列的点来表示，点越疏表示移动速度越快；点越密则移动速度越慢。

图2-39　【Anchor Point】对话框

图2-40　对象的移动状态

3. Scale（缩放）：缩放属性。■按钮图标表示X、Y方向的缩放是关联的，单击该图标使其消失，即可分别对X、Y方向进行缩放，其快捷键为【S】。

可以通过输入数值或拖动对象边框上的句柄对其设置缩放，方法与前面类似。当以数字方式改变尺寸时，若输入负值的话能翻转图层。

提示　句柄也称为手柄，即将素材导入合成影像窗口中后在其周围会出现8个实心矩形。

以句柄方式修改的话，要确保合成影像窗口菜单中【View Options】项的【Handles】命令处于选定状态，如图2-41所示。

4. Rotation（旋转）：旋转属性。AE以对象的轴心点为基准，进行旋转设置。可以进行任意角度的旋转。当超过360度时，系统以旋转一圈来标记已旋转的角度。如旋转720度为2圈，反向旋转显示为负的角度。

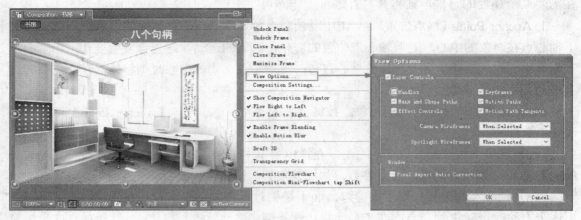

图2-41   调整缩放

还可以通过输入数值或手动进行旋转设置：选择对象，按【R】键展开其【Rotation】属性框，可以拖动鼠标左键进行调整或选择【Edit Value】命令改动参数达到最终效果，如图2-42所示。

图2-42   调整参数

手动旋转对象：选择旋转工具，在对象上拖动句柄可进行旋转。按住【Shift】键拖动鼠标旋转时可以每次增加45度。

5. Opacity（不透明度）：不透明度属性。当Opacity值达到100%时，对象完全不透明，会遮住其下方影像；当其数值为0%时，则对象完全透明，会完全显示出其下方的影像。

按住【T】键打开其属性框，拖动鼠标调整Opacity的参数或者选择【Edit Value】命令打开【Opacity】对话框进行设置即可调整对象的透明度，如图2-43所示。

按下各层的快捷键可以打开相关的层属性框，如果需要同时显示几个属性框，可以按住【Shift】键再按这些快捷键。

如果为素材层添加【Masks】（遮罩）、【Effect】（特效），可以看到属性中会多出了如图2-44所示的项，以【Curves】特效为例。

在Masks属性项中可以设置遮罩的【Sharp】（形状）、遮罩边缘的Feather（羽化）、Opacity（不透明度）、Expansion（扩展）等属性。

【Masks】（遮罩）、【Effect】（特效）的快捷键为【M】、【E】。如果想将时间线窗口最大化显示，快捷键为键盘左侧上方的【`】键。

图2-43 设置【Opacity】（不透明度）的参数值 　　　　图2-44 显示出来的项

层是AE的基础，各种特效、动画的制作都是通过对层属性的设置完成的，所以只有理解层的含义，才能真正运用好AE。

2.5 图层的各种操作

在前面的实例中我们通过对固态层、文字层的操作实现了片头的制作。在对层的操作中用户需要通过单击层前方的"三角形"小按钮将层展开进行参数的设置，对于初次接触AE 的用户来说可能会觉得操作较为复杂，其实AE CS4是款操作相对简单的软件，很多步骤都可以通过快捷键进行操作。

下面将对AE CS4层的一些基本操作进行简单介绍。

（1）层名称的更改：如果要在时间线窗口中修改层的名称，可以在时间线窗口中选中要更改名称的层，然后单击【Enter】键，输入新名称，再次单击【Enter】键确认即可。

（2）删除层：如果要在时间线窗口中删除某层，可以在选中该层后按【Delete】键将其删除。

（3）层的时间对位：在后期合成中需要将素材精确对位，这时可以按住键盘上的【Shift】键，在时间线窗口中移动进行对位。

另外还可以在时间线窗口中单击鼠标右键，在弹出的关联菜单中选择【Columns】项，如图2-45所示。

图2-45 选择【Columns】项

在菜单中分别选择【In】和【Out】项，此时入点和出点将出现在时间线窗口中，通过设置参数即可精确对位，如图2-46所示。

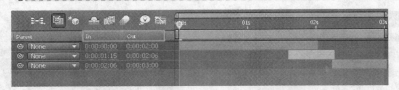

图2-46　入点和出点

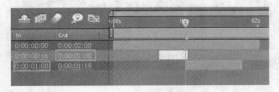

图2-47　时间对位

例如将时间帧的位置调整至1s，选中要移动的层，按住【Alt】键，单击【In】列中的数值输入区，该层的入点就会移动到当前时间标志所在的位置；如果单击【Out】列中的数值输入区，该层的出发点就会移动到当前时间标志所在的位置，也可以直接在输入区输入数值，移动至该层的入点或出点，如图2-47所示。

────◆── 知识链接 ──◆────

按【Ctrl+G】键可以弹出【Go to time】对话框，输入时间数值可以精确定位时间标志的位置。

（4）复制层：选中要复制的层，按【Ctrl+D】键，可以将该层全部复制，因为复制得到的层名称相同，所以需要更改复制层的名称将其加以区别。

（5）剪辑层：在AE中有两个隐藏窗口，素材窗口和层窗口。

在项目窗口中按住【Alt】键，双击素材，可打开素材窗口，在时间线窗口中双击可打开层窗口，如图2-48所示。

素材窗口　　　　　　　　　　　层窗口

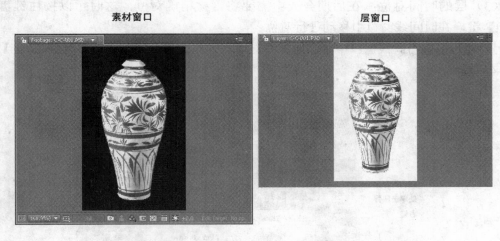

图2-48　打开的素材窗口和层窗口

用户可以在层窗口中剪辑素材的入点和出点，在素材窗口中进行简单的插入与覆盖操作。通常直接在时间线窗口中进行层的剪辑。先选中需要剪辑的层，然后定位当前的时间标志，按【Shift+Ctrl+D】键，即可将该层在当前时间标志处剪辑为两层。

（6）替换层：在对一个层添加完效果，设置好关键帧后突然想用其他素材替换现在的素材时，可以先选择时间线窗口中需要替换的层，按住【Alt】键，从项目窗口中拖动另一个素材到该层位置处，即可实现素材替换。替换的层保留了先前的关键帧及各种效果。也可以在项目窗口中选择要替换的素材，右击素材，从菜单中选择【Replace Footage】/【File】命令，如图2-49所示。

（7）层的重组：在制作场景的时候，有时需要在一个合成影像中进行"重组"操作，即将选择层移动到一个新的合成影像中，该操作改变了层的渲染顺序。通常用重组嵌套操作，将某些需要统一添加效果或设置关键帧的层组合为一个合成影像。

操作方法：先选择需要重组的层，选择菜单【Layer】/【Pre-compose】命令，弹出如图2-50所示的设置面板。快捷键为【Ctrl+Shift+C】键。

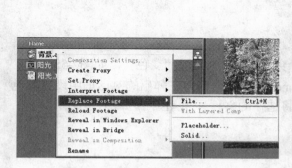

图2-49 替换文件

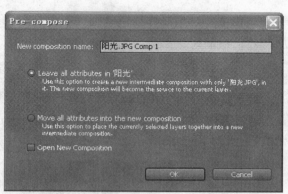

图2-50 弹出的对话框

【Leave all attributes in】：当不需要改变渲染顺序时，选择该单选项，层的关键帧、属性变化将保留在新生成的合成层中，当选择多个层进行重组的时候，该选项无效。

【Move all attributes into the new composition】：将所有关键帧、层属性变化都带入到新生成的合成层中，该选项可以改变选择层的渲染顺序。

（8）层的自动排列：先对选中的层按照时间的先后进行自上至下的排列，如图2-51所示。然后选择最上面的层，按住【Shift】键再选择最下面的层，在菜单栏中选择【Animation】/【Keyframe Assistant】/【Sequence Layer】命令，在弹出的【Sequence Layers】对话框中设置参数，如图2-52所示。

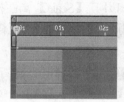

图2-51 排列层

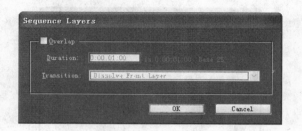

图2-52 【Sequence Layers】对话框

单击 OK 按钮可实现层的首尾相接，如图2-53所示。

此时素材间的切换是没有透明度变化的，可以在【Sequence Layers】对话框中勾选【Overlap】选项并输入时间段。具有透明度变化的层叠加效果如图2-54所示。

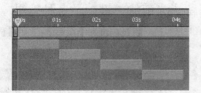

图2-53　层的首尾相接

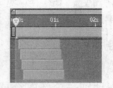

图2-54　层叠加效果

课后练习

本例主要学习制作变色动画（黑白变彩色）效果，先新建一个合成影像，导入素材并添加特效，然后设置参数，最后查看效果。

操 作 步 骤

步骤① 启动AE CS4应用程序。新建一个合成影像，命名为"变色"，如图2-55所示。

步骤② 单击【Composition】/【Background Color】命令，在弹出的对话框中设置颜色为淡粉色，如图2-56所示。然后在项目窗口中将选择的文件导入AE中，如图2-57所示。

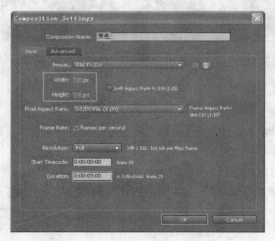

图2-55　新建合成影像

图2-56　调整颜色

图2-57　导入素材

步骤③ 将素材拖入时间线窗口中，按【S】键，打开其【Scale】属性框，设置参数为75%。再按【Ctrl+D】将素材层复制一层，如图2-58所示。

步骤④ 在时间线窗口中选中复制的素材，单击【Effect】/【Color Correction】/【Channel Mixer】命令，为其添加一个通道混合器特效，将【Monochrome】选项设置为【On】，使素材变为黑白色，如图2-59所示。

图2-58 复制图层

图2-59 添加特效

步骤 **5** 选中复制的素材，按【T】键，打开其【Opacity】属性框，将时间指针调整至第1秒处，单击【Opacity】属性前的 按钮，记录关键帧，然后再将时间指针调整至第2秒处，设置【Opacity】为0%，记录关键帧，如图2-60所示。

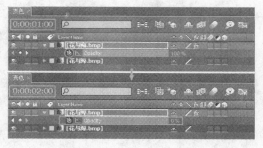

图2-60 记录关键帧

步骤 6 至此，黑白变彩色动画效果制作完成，查看效果，部分截图如图2-61所示。

图2-61 动画截图

步骤 7 选择【File】/【Save】命令，将文件保存为"变色效果.aep"。

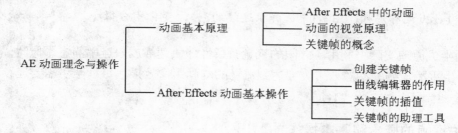

第3课

After Effects动画理念与操作

传统的动画是逐帧动画，也就是先绘制每一帧的影像，然后将影像串联起来生成一段完整的动画。计算机多媒体的发展彻底改变了传统动画的制作方式。计算机绘画、计算机动画、计算机特技和计算机电影技术推动了动画制作技术的快速发展。其中计算机动画最为显著的一点就是关键帧的出现。

本课知识结构：

```
                              ┌── After Effects 中的动画
            ┌── 动画基本原理 ──┼── 动画的视觉原理
            │                  └── 关键帧的概念
AE 动画理念与操作              ┌── 创建关键帧
            │                  ├── 曲线编辑器的作用
            └── After Effects 动画基本操作 ──┼── 关键帧的插值
                              └── 关键帧的助理工具
```

就业达标要求：

1：掌握动画的基本原理。
2：明确帧与关键帧的概念。
3：掌握在AE中创建关键帧的基本方法。
4：熟练使用曲线编辑器。

3.1 关键帧与动画

动画与AE息息相关，使用AE进行后期合成、视觉特效制作，在一定程度上讲也是一种动画的制作，例如，制作一段由单色转换为彩色的影像，这个转变过程就可以看做为一段动画，如图3-1所示。

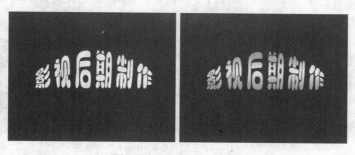

图3-1 转换为彩色影像

此外，使用AE还可以直接制作动画，例如移动的影像、飞舞的光束、倾泻的数字流等，如图3-2所示。

帧是动画中最小单位的单幅影像，相当于电影胶片上的每一格镜头。在动画软件的时间轴上，帧表现为一格或一个标记，如图3-3所示。

图3-2　用AE制作的动画　　　　　　　　　　　图3-3　帧的表现

 提示　　1秒大概有25帧，图3-3中选择了连续的3帧，变化十分微小。

动画生成原理实际上利用了人眼的视觉暂留性，快速播放一连串静态影像时，在人的视觉上会产生平滑流畅的动态效果。要达到流畅的动画影像效果，每秒至少需要连续播放25幅图片，每一幅图片称之为"1帧"。

3.1.1　关键帧的概念和基本操作

计算机动画按其生成方法可分为逐帧动画、造型动画和关键帧动画几大类。

（1）逐帧动画：是由一幅幅内容相关的位图组成的连续动画，就像电影胶片或卡通影像一样，需要分别设计每屏要显示的帧影像。

（2）造型动画：是单独设计的运动物体（也称为角色或物体），一般先为每个物体设计其位置形状、大小及颜色等，然后由物体构成完整的每一张影像。每张影像中的物体可以包括影像、声音、文字和色调，而控制物体表演和行为的脚本，叫做制作表。

（3）关键帧动画：这种动画生成方式和普通动画的制作方式比较类似，但有所不同的是，在关键帧创作出来后，不需要再由人来画每屏的影像，而是可以由计算机"计算"出来。AE制作的动画就属于这一类。

关键帧相当于二维动画中的原画，指角色或者物体运动或变化中的关键动作所处的那一帧。关键帧与关键帧之间的动画可以由软件来创建，叫做过渡帧或者中间帧，如图3-4所示。关键帧的出现大大节省了动画的制作时间。

关键帧　　　　过渡帧　　　　过渡帧　　　　关键帧

图3-4　关键帧与过渡帧

AE中可以对层或者虚拟物体对象制作基于关键帧的动画。它几乎可以将应用于层的所有操作都进行关键帧设定，以便对层进行动画设置。AE中关于关键帧的概念及相关操作主要有如下几个方面。

1. 关键帧参数

AE是一个基于参数的软件，各种操作都能通过相应的参数设置来具体化的。参数也是关键帧存在的基础，只有参数发生了变化，关键帧才有存在的意义。因此，关键帧的设置往往和参数变化是同步的。

2. 关键帧记录器

在时间线窗口的参数列表中，每一个参数属性前都有一个■按钮，这就是关键帧记录器，在有些地方也称为码表。单击这个按钮可以开启关键帧记录器，系统会在时间指针所在的位置创建一个初始关键帧，如图3-5所示。

图3-5　关键帧记录器

3. 关键帧导航器

它可以创建、导航关键帧。默认状态下，设置关键帧后，导航器显示在图层列表的左面。在图层列表空白处单击鼠标右键，在弹出的菜单中选择【Keys】，可以打开独立的关键帧导航器，在如图3-6所示。

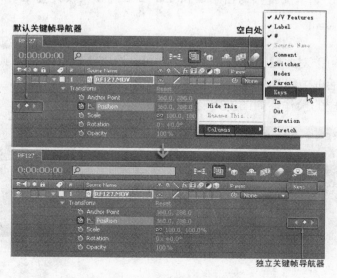

图3-6　关键帧导航器

关键帧导航器包括两个方向箭头按钮和一个菱形按钮，菱形按钮为【添加或删除关键帧】按钮，将时间指针拖动到一个位置后，如果此位置没有关键帧，单击此按钮可以在此位置创建关键帧；如果此位置已经创建了关键帧，单击此按钮可以删除关键帧。左向箭头按钮为【跳至前一关键帧】，右向箭头按钮为【跳至后一关键帧】，使用这两个按钮可以快速将时间指针移动到指定关键帧的位置。

4. 创建关键帧

关键帧的创建方法有多种，第一种是单击■按钮开启关键帧记录器后，将时间指针拖到指定时间，然后设置相应的参数，系统自动创建一个关键帧，这种方法最为常见。第二种是将时间指针拖动到指定位置后，单击关键帧导航器中的【添加或删除关键帧】按钮可以创建一个关键帧，如图3-7所示。

　　　　　　　　　　　　　　　　　添加或删除关键帧　　创建的关键帧

图3-7　创建关键帧

5. 选择关键帧

在工具栏中激活■按钮，在时间线窗口中，用鼠标单击便可以选中要选择的关键帧，选中的关键帧用黄色显示。按住【Shift】键可以选择多个关键帧。

── 知识链接 ──

如果只想将设置了关键帧的图层属性显示出来，可以按键盘上的【U】键。

6. 编辑关键帧

在需要的时候可以对关键帧进行编辑修改。可以选中要修改的关键帧，双击关键帧，在弹出的属性设置对话框中修改；或者移动时间指示器至要编辑的关键帧，在合成影像或层窗口中进行与之相对应的操作，如图3-8所示。

图3-8　编辑关键帧

7. 关键帧的显示方式

为层的属性记录关键帧后，关键帧将以图标或数字的方式在该层的工作区域中出现。有图标和数字方式两种显示方式：在时间线窗口中标题栏上单击鼠标右键，在弹出的关联菜单中选择【Use Keyframe Indices】选项，当前关键帧以数字方式表现；选择【Use Keyframe Icons】项，关键帧将以图标方式显示。【Use Keyframe Indices】显示方式如图3-9所示。

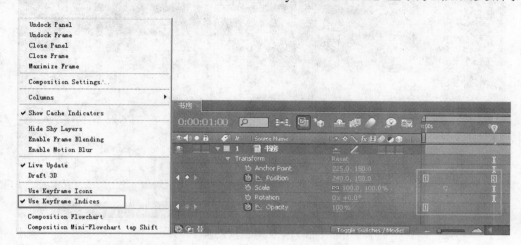

图3-9 【Use Keyframe Indices】显示方式

3.1.2 常见关键帧动画

在AE中，所有的参数都可以记录关键帧，从而生成相应的动画，这些参数包括图层的基本属性参数也包括各种特效参数。下面介绍几个常用的关键帧动画。

1. 位置关键帧动画

位置关键帧动画就是通过对素材的位置设置关键帧制作出的动画，这样可以模拟对象的移动效果，例如皮球弹跳、飞机升空等。我们利用位置关键帧动制作的蒲公英移动画如图3-10所示。

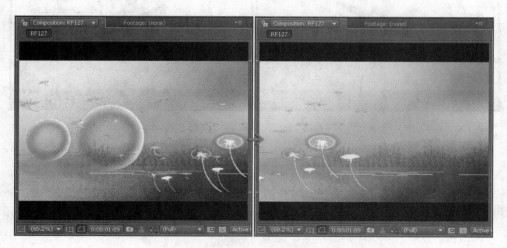

图3-10 蒲公英移动动画

2. 缩放关键帧动画

缩放动画可以模拟对象变大变小的过程，可以实现影像切换、模拟生物生长等。制作缩放关键帧的动画和制作位置关键帧动画的操作基本相同，先将素材导入时间线窗口，再将时间调整到需要位置并设置一个关键帧，再次调整时间，然后在合成影像窗口中或时间线窗口中通过移动句柄或设置参数的方式调整缩放比例，如图3-11所示。

图3-11　影像缩放动画

3. 旋转关键帧动画

旋转是一个对象以某一个点为轴心，旋转一个角度，每旋转360度为一圈。通过调整轴心点可以制作出多种旋转效果，如图3-12所示。

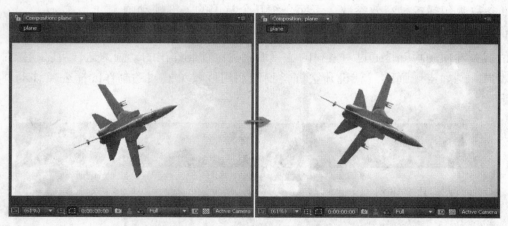

图3-12　旋转关键帧动画

4. 不透明度关键帧动画

不透明度关键帧动画常常用于制作影片的转场特效。通过在时间线窗口中设置参数，使素材在不同的透明度中转换。由于对象的不透明度是有时间限定的，所以只能在时间线窗口中进行设置，如图3-13所示。

图3-13　不透明度关键帧动画

3.2　实例：微风拂过丝瓜架

本例使用前面介绍的知识，制作一个丝瓜随风摇摆的小动画。在制作过程中将会用到轴心点的移动、旋转关键帧动画等知识。

步骤①　双击图标，启动AE CS4应用程序。

步骤②　在项目窗口中单击按钮，新建一个合成影像文件，命名为"丝瓜摇摆"，如图3-14所示。

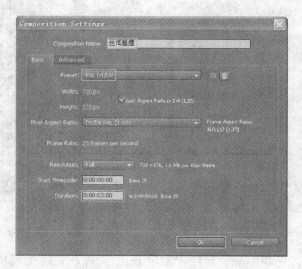

图3-14　新建合成影像

步骤③　在项目窗口中的空白处双击鼠标左键，在弹出的【Import File】对话框中选择"丝瓜背景.tga"文件，将其导入AE中，如图3-15所示。

步骤④　用同样的办法将"丝瓜.tga"文件导入AE中，然后将"丝瓜背景.tga"文件从项目窗口中拖动至时间线窗口中，如图3-16所示。

步骤⑤　再将"丝瓜.tga"文件拖动至时间线窗口，如图3-17所示。

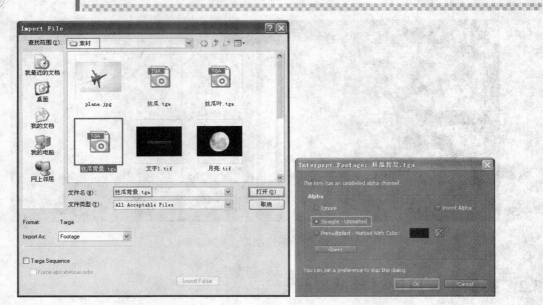

图3-15　导入素材

图3-16　将"丝瓜背景.tga"文件拖动到时间线窗口中

步骤 6 在时间线窗口中确认选中"丝瓜.tga"文件，在主工具栏中单击■按钮，在合成影像窗口中将轴心点移动至丝瓜根部，如图3-18所示。

步骤 7 在时间线窗口中选中"丝瓜"层，按【R】键，打开其旋转属性框，确认时间指针在第0帧，打开其关键帧记录器，记录关键帧，如图3-19所示。

步骤 8 将时间指针调整至第12帧，设置【Rotation】参数为"30.0°"，如图3-20所示。

图3-17　再将"丝瓜.tga"文件拖动至时间线窗口中

图3-18　调整轴心点的位置

图3-19　记录关键帧

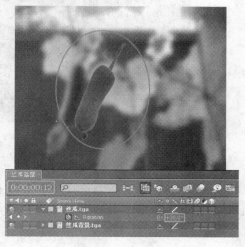

图3-20　设置旋转参数

步骤 ⑨ 再将时间指针调整至第24帧的位置，设置【Rotation】参数为"−25.0°"，如图3-21所示。

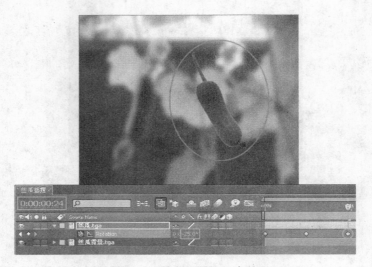

图3-21　再次设置旋转参数

步骤 ⑩ 再用同样的方法分别将时间指针调整至第1秒8帧，【Rotation】参数设置为20度；第1秒15帧，【Rotation】参数设置为−15°；第2秒时，【Rotation】参数设置为10°；第2秒8帧，【Rotation】参数设置为−5°，第2秒11帧，设置为0度，如图3-22所示。

图3-22　多次设置旋转参数

步骤 ⑪ 单击【空格】键查看效果，然后在项目窗口中的空白处双击鼠标左键，在弹出的【Import File】对话框中选择"丝瓜叶.tga"文件，将其导入AE中，并将它拖动至时间线窗口中，放置在顶层，如图3-23所示。

图3-23　拖入"丝瓜叶"层

步骤 12 在时间线窗口中确认选中"丝瓜叶"层，按【P】键，打开其【Position】位置属性框，设置参数为（300，180），如图3-24所示。

步骤 13 至此，动画制作完成，单击【Preview】窗口中的 按钮，查看效果，部分截图如图3-25所示。

图3-24　设置参数

提示　风吹过，丝瓜叶也会产生运动，可以使用同样的方法制作丝瓜叶动画，在此不做介绍。

步骤 14 单击【File】/【Save】命令，将文件保存为"微风拂过丝瓜架.aep"。

图3-25　截图效果

3.3　曲线编辑器的使用

　　曲线编辑器可以对帧进行完全的可视化控制，可以方便地跨图层进行同步动画属性的操作，从而能够制作出更加精确的动画效果。

　　打开随书配套"素材/第3课"目录中的"青岛火蛾影像设计.aep"文件，选择设置的所有关键点，单击时间线窗口中的 ▧【Graph Editor】（曲线编辑器）按钮，可以从Layer Bar（图层条）模式切换到曲线编辑器模式，如图3-26所示。可以看到曲线编辑器中同时显示了Position X、Position Y和Scale X、Scale Y的动画属性。

图3-26　曲线编辑器模式

3.3.1　曲线编辑器的功能

　　Graph Editor（曲线编辑器）的功能包括对效果和动画进行查看和操作，可以在其中改变效果的属性值，以及对关键帧和插值进行控制。曲线编辑器是以二维曲线的形式表现效果和动画的变化的，并在上方显示回放时间，而图层条模式只能在上方水平显示时间，却不能直观地看到属性值的变化。

　　曲线编辑器有两种曲线：一种是数值曲线，用于表现各属性的数值；另一种是速度曲线，用于表现各属性值改变的速度。

　　如果要切换不同的曲线类型，可以单击曲线编辑器左下方的 ▧（选择曲线类型与选项）按钮，然后从弹出的关联菜单中选择"Edit Value Graph"（编辑数值曲线）或"Edit Speed Graph"（编辑速度曲线）命令，如图3-27所示。

3.3.2　使用曲线编辑器

　　在曲线编辑器中，每种属性都有各自的曲线，可以一次查看与处理一个属性，也可以同时查看与处理多个属性。当曲线编辑器中显示两个或两个以上的属性时，每个属性的曲线都会与左边图层中相应的属性值显示出相同的颜色。

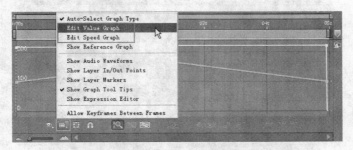

图3-27 选择曲线类型选项

在曲线编辑器中可以进行如下操作。

（1）选择在曲线编辑器中显示何种属性。

单击曲线编辑器左下方的 ▦ （显示属性）按钮，然后在弹出的关联菜单中选择在曲线编辑器中显示何种属性，如图3-28所示。

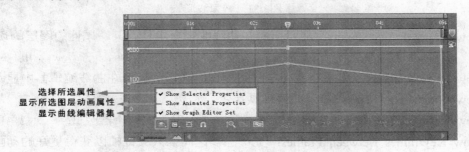

图3-28 选择显示的属性

（2）选择曲线选项。

在曲线编辑器左下方单击 ▦ 按钮，可以从弹出的关联菜单中选择如图3-29所示的菜单命令。

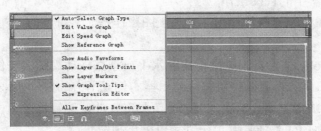

图3-29 曲线选项

Auto-Select Graph Type：为某一属性自动选择一种合适的曲线类型。如果是空间属性则会自动选择速度曲线，如果是其他属性则会自动选择数值曲线。

Edit Value Graph：为所有属性显示数值曲线。

Show Reference Graph：在背景中显示未选择的曲线类型作为视图参考，如图3-30所示。

Show Audio Waveforms：在曲线编辑器中显示音频波形，如果一个图层中至少包含一个音频属性，则当选择该图层时，波形便会在曲线编辑器中显示出来，如图3-31所示。

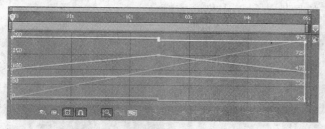

图3-30　显示未选择的曲线类型

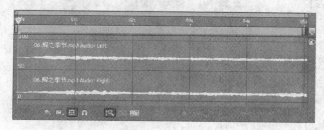

图3-31　音频波形

Show Layer In/Out Points：显示所有在曲线编辑器中具有某一属性的图层的切入/切出点。

Show Layer Markers：如果存在图层时间标记，选择此项会在曲线编辑器中显示出来。

Show Graph Tool Tips：显示曲线工具提示。

Show Expression Editor：在曲线编辑器下方显示表达式编辑器区域。

Allow Keyframes Between Frames：允许在帧之间插入关键帧以获得更好的动画效果。

（3）使用【Smap】（吸附）按钮。

当在曲线编辑器下方单击 🔘【Smap】（吸附）按钮，拖动关键帧时，关键帧就会自动吸附当前时间指示器、切入/切出点、标记、工作区域（**Work Area**）开始/结束点、合成（**Composition**）开始/结束点等对象。

（4）曲线编辑器中的视图操作。

要很好地掌握曲线编辑器的使用，熟悉视图操作是非常重要的。

常规视图操作

使用 Hand Tool（推手）工具拖动可以水平或垂直移动视图。按住键盘上的空格键可以直接切换到抓手工具，也可以使用曲线编辑器右侧或下方的滚动条来移动视图。

使用工具面板中的 Zoom Tool（缩放）工具，在曲线编辑器中单击可以放大曲线编辑器视图，而按住键盘上的【Alt】键单击则可以缩小视图。

 如果按了曲线编辑器下方的 【Auto-Zoom graph height】（自动缩放高度）按钮，则不能沿垂直方向拖动或缩放视图。曲线编辑器中的 【Auto-Zoom graph height】（自动缩放高度）按钮用于自动缩放曲线的高度以适应曲线编辑器的高度，在这种情况下，水平方向必须手动进行缩放。

当在曲线编辑器中选中某曲线或关键帧时，按下 【Fit all graphs to view】（使视图适应所选对象）按钮，可以在曲线编辑器中使曲线的水平与垂直大小自动适应所选的对象。

3.4 实例：蝴蝶飞舞

本例主要通过设置蝴蝶在花丛中飞舞的动画，学习曲线编辑器的使用。首先创建一个合成影像，然后导入需要的素材，设置关键帧，调整其参数，最后打开曲线编辑器，调整蝴蝶飞行的速度。

操 作 步 骤

步骤 1 双击 **AE** 图标，启动AE CS4应用程序。

步骤 2 在项目窗口中单击 按钮，创建一个合成影像，命名为"蝴蝶"，如图3-32所示。

步骤 3 在菜单栏中单击【File】/【Import】/【File】命令，或者在项目窗口中的空白处双击鼠标左键打开【Import File】对话框，选择"蝴（1）.tga"文件，勾选【Targa Sequence（Tga序列）】选项，系统将以序列文件方式导入素材，单击 打开(0) 按钮导入Tga序列文件，如图3-33所示。

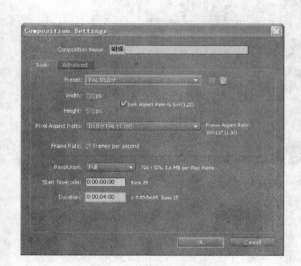

图3-32 创建合成影像 　　　　　　　　图3-33 导入序列文件

 导入素材前选择【Edit】/【Preferences】/【Import】命令，在弹出的【Preferences】对话框中将【Still Footage】设置为【Length of Composition】；【Sequence Footage】设置为【25 frames per second】。

步骤 4 在弹出的【Interpret Footage】（解释素材）窗口中单击 OK 按钮关闭对话框，如图3-34所示。

步骤 5 将导入的素材从项目窗口中拖入时间线窗口中，如图3-35所示。

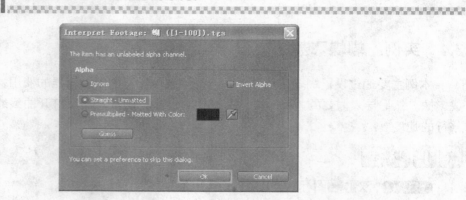

图3-34　【Interpret Footage】对话框

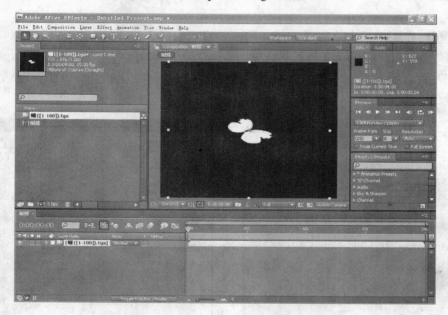

图3-35　将素材拖入时间线窗口

图3-36　导入"花丛.jpg"素材

步骤 ⑥ 在项目窗口中的空白处双击鼠标左键打开【Import File】对话框，将"花丛.jpg"文件导入AE中，如图3-36所示。

步骤 ⑦ 将导入的素材由项目窗口拖动至时间线窗口中，并调整其位置，调整后的素材如图3-37所示。

步骤 ⑧ 在时间线窗口中选择"蝴蝶"图层，按键盘上的【S】键，展开层属性，根据合成影像窗口中的效果调整蝴蝶的大小，如图3-38所示。

合成影像窗口中的效果 ←

图3-37　调整素材

步骤 ⑨ 按【P】键展开其位置属性框，单击【Position】项前面的 按钮，在0秒时设置一个关键帧，调整参数，如图3-39所示。

图3-38 调整蝴蝶大小

图3-39　设置关键帧调整参数

步骤 ⑩ 将时间调整至2秒，调整【Position】参数为"390，435"，并设置一个关键帧，如图3-40所示。

图3-40　再次设置参数

步骤 ⑪ 将时间调整至3秒24帧的位置，将【Position】参数调整为"630，170"，设置一个关键帧，如图3-41所示。

步骤 ⑫ 按键盘上的【空格】键查看设置关键帧后的效果，发现蝴蝶的飞行看起来并不十分自然，因此需要通过曲线编辑器进行调整。

步骤 ⑬ 在时间线窗口中单击▧【Graph Editor】（曲线编辑器）按钮，打开曲线编辑器，如图3-42所示。

图3-41　设置关键帧

图3-42　打开曲线编辑器

步骤 ⑭ 在曲线编辑器中选择第一个关键点，单击曲线编辑器下方的▧【Easy Ease】（渐入渐出）按钮，使其变化速度更加平稳，如图3-43所示。

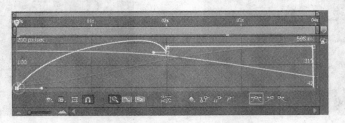

图3-43　调整变化速度

步骤 ⑮ 选择中间的关键帧，单击曲线编辑器下方的▧【Auto Bezier】（自动贝塞尔）按钮，使属性在关键帧处的变化非常平滑，如图3-44所示。

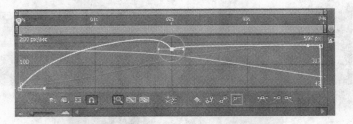

图3-44　使变化平滑

步骤 ⑯ 再选择第三个关键帧，单击曲线编辑器下方的▧【Easy Ease Out】（渐出）按钮，在曲线编辑器中并无变化发生，再次在时间窗口中单击▧【Graph Editor】按钮，关闭曲线编辑器，关键帧的变化如图3-45所示。

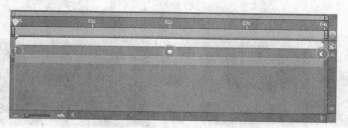

图3-45 关键帧的变化

 此处关键帧的变化为插值类型的变化，将在下一节中做介绍。

步骤⑰ 至此，蝴蝶飞舞动画制作完成，单击【Preview】窗口中的■按钮，查看效果，部分截图如图3-46所示。

图3-46 动画截图

步骤⑱ 单击【File】/【Save】命令，将文件保存为"蝴蝶飞舞.aep"。

3.5 关键帧深操作

后期合成中常需要对动画的运动速度进行调整，在AE中对动画关键帧运动情况的调节是非常重要的一个部分。本小节主要介绍关键帧的插值类型、改变关键帧的插值类型和属性值、关键帧的助理工具、漂浮关键帧和Time Remap。

3.5.1 关键帧插值类型

上一小节的例子中调整曲线编辑器后关键帧的外形发生了变化，实际上是关键帧的插值类型发生了变化。AE中的各种属性可以定义多种插值类型，不同插值类型的关键帧在时间线窗口中显示为不同的形状。

（1）线性插值，两个线性插值的关键帧之间是直线，属性为匀速变化，线性插值如图3-47所示。

（2）自动贝塞尔，可以使属性在关键帧处的变化十分平滑，自动贝塞尔插值左、右的手柄都是水平的，如图3-48所示。

◀ 线性插值

图3-47　线性关键帧插值

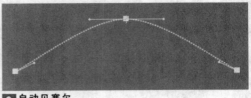

◀ 自动贝塞尔

图3-48　自动贝塞尔关键帧插值

（3）阶梯插值（Hold），可以使属性值发生突变，在各曲线形状上表现为阶梯状，如图3-49所示。

◀ 阶梯插值

图3-49　阶梯关键帧插值

在AE中，自动贝塞尔插值为默认空间插值，如果要将空间插值的默认值改为线性插值，可以选择菜单栏中的【Edit】/【Preferences】/【General】命令，或按快捷键【Ctrl+Alt+；】键，在弹出的对话框中勾选如图3-50所示的选项。

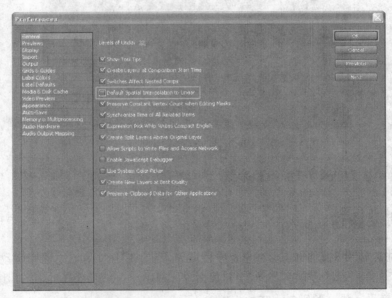

图3-50　【Preferences】对话框

要改变关键帧的插值类型有以下几个方法。

（1）按住键盘上的【Ctrl】键，单击关键帧，可以在线性插值与自动贝塞尔插值之间转换。

（2）用鼠标右键单击关键帧，在弹出的关联菜单中选择【Keyframe Interpolation】命令，从弹出的对话框中选择插值的类型。

（3）选择关键帧，选择菜单栏中的【Animation】/【Keyframe Interpolation】命令，或

按【Ctrl+Alt+K】组合键，在弹出的对话框
中选择，如图3-51所示。

3.5.2 关键帧助理工具及漂浮关键帧

关键帧助理工具可以更加有效地控制关
键帧动画，在前面的例子中也接触到了一
些。AE菜单栏中的【Animation】/【Key-
frame Assistant】菜单中提供了部分关键帧助
理工具，也可以右击关键帧，在弹出的关联
菜单中查找。

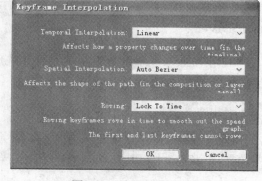

图3-51 选择插值类型

Easy Ease：渐入渐出工具，可以使进入
和离开关键帧的属性变化速度更加平缓，进入关键帧时逐渐减速，离开时逐渐加速。

使用此命令后，其关键帧左、右两侧的手柄可以单独进行调整，其关键帧处的速度为零，
快捷键为【F9】。

Easy Ease In：渐入工具，只对关键帧的左侧手柄起作用。

Easy Ease Out：渐出工具，只对关键帧的右侧手柄起作用。

Time-Reverse Keyframes：关键帧反转工具，可以将关键帧的属性值反转，因此需要两
个以上的关键帧，才能进行反转操作，如图3-52所示。

图3-52 关键帧反转工具

Roving Keyframes：漂浮关键帧，是指该关键帧没有连接到指定的时间，没有特定的值。
关键帧时间由相邻的关键帧决定。

漂浮关键帧仅对位置属性产生作用，能够产生平滑的运动路线，并且层的第一个和最后
一个关键帧不能是漂浮关键帧。漂浮关键帧所
处的时间由其前后关键帧的插值得出。

选中中间的关键帧单击鼠标右键，在弹出
的对话框中选择【Rove Across Time】选项，
该关键帧变成如图3-53所示的形状，表示关键
帧已成为漂浮关键帧。改变其两侧的关键帧的
时间位置，发现漂浮关键帧的位置也发生改
变。

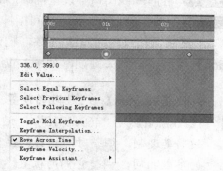

图3-53 漂浮关键帧

课后练习

利用Mask（遮罩）学习制作天狗食月动画。先创建一个合成影像，然后绘制遮罩，记录关键帧，设置参数后查看效果。

操 作 步 骤

步骤① 启动AE CS4应用程序，然后在随书配套资料中选择"月亮.tif"文件导入AE中，在项目窗口中将其拖动到 按钮上，创建一个与素材匹配的合成影像，如图3-54所示。

图3-54 导入素材

步骤② 按【Ctrl+Y】键创建一个固态层，按住菜单栏上的 按钮，在弹出的【Solid Settings】对话框中选择 按钮，在合成影像窗口中绘制一个椭圆形的Mask（遮罩），在时间线窗口中设置【Mask Path】项参数，并设置关键帧，如图3-55所示。

步骤③ 在时间线窗口中设置椭圆形的Mask的其他参数，记录关键帧，如图3-56所示。

步骤④ 在时间线窗口中将时间指针移动至2秒的位置，调整【Mask Path】参数，记录关键帧，然后调整【Position】参数，记录关键帧。再将时间指针移动至4秒的位置，设置【Position】参数，记录关键帧，如图3-57所示。

此处【Position】在2秒时的设置是为了更接近天狗食月的现实状况，在2秒处设置【Position】为"460，310"，记录关键帧，然后确认选中此关键帧，按【Ctrl+C】键将其复制，调整时间指针的位置，按【Ctrl+V】键将其粘贴，此时这两个关键帧的参数相同，调整它们的位置，使其在2秒前后达到一个短暂停顿的效果，其具体时间在此不做详解。

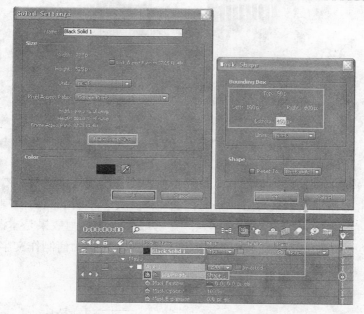

图3-55　设置【Mask Path】项参数

图3-56　设置其他参数

图3-57　设置2秒和4秒位置的参数

步骤 ⑤ 至此，天狗食月的动画制作完成，单击【空格】键查看效果，截图如图3-58所示。

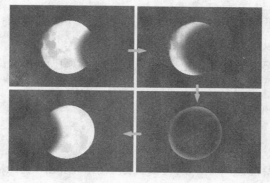

图3-58　制作的动画

步骤 ⑥ 单击【File】/【Save】命令，将文件保存为"天狗食月.aep"。

第4课

文 字 动 画

文字在影视片头中出现的频率很高，特别是在大制作的影片中经常能看到的一些图文并茂的文字，它们常常为观众带来耳目一新的视觉冲击。文字动画的应用范围越来越广，如何将最普通的文字通过后期加工制作成有创意、足够吸引人的动画效果是本课学习的重点。

本课通过AE CS4软件特点结合影视相关基础知识，介绍如何制作文字动画效果。

本课知识结构：

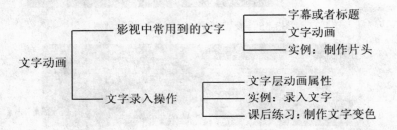

就业达标要求：

1：了解文字在影视作品中的作用。
2：掌握文本层动画的属性。
3：学会举一反三。
4：对文字层熟练操作。

4.1 影视中的文字

影视中的文字是其重要的组成部分，片头的字幕、片中的对话、片尾的介绍等，都需要使用文字片段，文字可以贯穿整个片中。

影视中的片头主要起引导作用，它告知观众，影视剧已经开始；片尾就是在影视剧的最后以字幕形式出现的栏目职员表及版权信息，如图4-1所示。

文字的出入点非常重要，它会影响到观者能否顺畅阅读影像。

4.1.1 字幕或者标题

制作影视字幕首先要注意的是阅读起来直截了当，同时不能让观众因字幕而分散了对影像及声音的注意力。

影视中的文字主要分为三种。

第一种是强制字幕，就是在电影制作的最初，将字幕强行"嵌入"电影。这样，字幕就变成电影影像的一部分了。强制字幕的特点，就是"无法更改，无法调节"。

第二种是内置字幕。这一类字幕内置于电影中，可以在电影播放的时候进行调节，比如调整字幕的高度、字幕的大小等。但是内置字幕已经存在于电影中，无法进行"修改"。例如经典美剧"老友记（Friends）"，就是典型的内置字幕，其影音文件的格式为MKV。

第三种是外置字幕。这一类字幕有自己独立的字幕文件格式，常见的文件名后缀为.srt。如果用记事本的方式打开.srt文件，会看到其中的内容和时间轴。这样就可以直接修改字幕了。如果将.srt文件删除或者挪开，或者只是换一个文件名，那么在打开电影的时候，就无法看到这一字幕了。

片头字幕如图4-2所示。

图4-1　影视片尾　　　　　　　　　　　　　　　图4-2　影视片头字幕

在制作影视字幕时，字体通常为黑体，字号的大小一定要接到电视机上看效果，并离开一段距离观察。中文的长度尽量不要超过一行，通常两行英文字幕上短下长较为妥当，并尽量以标点做切断。另外，文字的阴影和颜色也非常重要，有时在电脑屏幕或者电视机上看起来清晰的字幕，放到影院屏幕上却十分模糊。在电脑屏幕上阴影稍宽会让人有刺目感，但实际上在影院屏幕上仍然不足。

根据影片的风格或节奏还可以决定字幕出现的方式，影片节奏的感受不会因此增加，反而可以增加字幕与影像浑然一体的感觉，如图4-3所示。

良好的字幕状态应当是"若有若无"的，即在最短的时间里让观者领悟到语言的核心含义，没有歧义、不令人费解。很多时候会发现，再现语言原始特色的努力是徒劳的。逐字逐句映射的字幕（解说词除外），对于一个异地或异族的观众来说意义并没有想象的那么大。更多的推敲应当花在如何以最少的字数传达出对话的本意上。如果一个60分钟的作品花上数月来调整语言（包括翻译）及字幕，并不足为奇。

对完成版的检测极为重要，长时间的编辑几乎会彻底打磨掉人的客观辨别力。如果有两个以上没有事先心理准备的人在观看后告诉你字幕不清楚时，则必须修改，如图4-4所示。

4.1.2　文字动画

在影视片头中，文字的运用十分广泛，AE CS4中的Text菜单中提供了两种针对文本编辑的滤镜特效。这些特效主要用于创建一些单纯使用"文本"工具不能实现的效果，如图4-5所示。

图4-3　字幕与影像

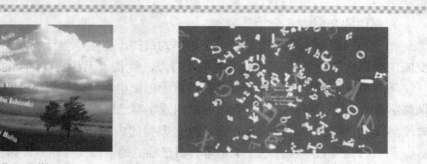

图4-4　不清楚的字幕

图4-5　Text菜单中的特效

　　AE CS4提供了数字和时间码两种文字特效，使用这两种文字特效非常方便和快捷，可以直接在素材上添加文字而不用先创建文字图层，如图4-6所示。

图4-6　数字（Numbers）和时间码（Timecode）特效

　　其中【Numbers（数字）】是较常用的特效，其参数面板如图4-7所示，该效果可以产生一个随机或顺序数字，显示随机时间、日期时间或最终效果打印的当前时间、日期。

　　文字动画的表现方法有很多种，在广告中经常可以看到文字以聚、散的形式出现，如图4-8所示。

　　在电视中经常会看到一些片头或者片尾中出现类似激光一样炫目的文字动画，给人强烈的视觉冲击力，如图4-9所示。

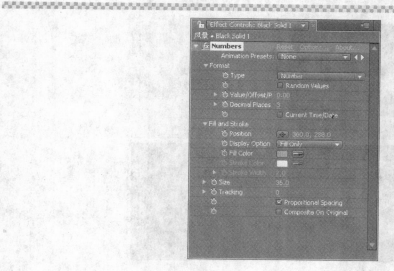

图4-7　Numbers（数字）参数面板

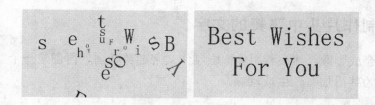

图4-8　广告文字的表现形式

图4-9　文字动画

另外较常用到的还有粒子文字特效，在MTV中经常可以看到，如图4-10所示。

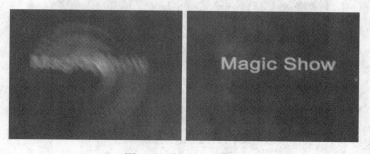

图4-10　粒子文字特效

还有运动模糊文字、波浪文字、爆炸文字、飞舞文字等效果，如图4-11所示。

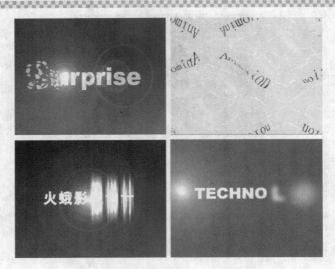

图4-11　各种文字动画效果

4.2　实例：制作片头中飞舞的文字

本例先创建合成影像，然后利用虚拟层制作文字翻转动画，再创建一个参考层，最后制作飞舞的文字，为其添加特效生成动画。

操作步骤

步骤① 双击 **AE** 图标，启动AE CS4应用程序。

步骤② 按【Ctrl+N】键，新建一个合成影像，命名为"文字"，在弹出的【Composition Settings】对话框中设置参数，如图4-12所示。

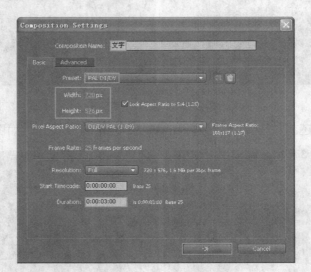

图4-12　创建合成影像

步骤③ 选择菜单栏中的【Layer】/【New】/【Text】命令，新建一个文字层，在合成影像窗口中输入文字，并在【Character】面板中设置参数，如图4-13所示。

图4-13　设置参数

步骤 4 选择菜单栏中的【Layer】/【New】/【Null Object】命令，新建一个空物体层，打开文字层和虚拟层的三维开关，并在文字层的【Parent】面板中，单击 None 按钮选择【Null1】层，如图4-14所示。

图4-14　创建空物体层

 要打开【Parent】面板，可以运用前面学过的知识，在图层上单击鼠标右键，在弹出的关联菜单中进行选择。

步骤 5 将时间指针移至第0帧的位置，选择虚拟层，设置【X Rotation】、【Y Rotation】和【Z Rotation】关键帧，如图4-15所示。

图4-15　设置关键帧

 此处为了区别两个层，将虚拟层的颜色设置为黄色。

步骤 6 将时间指针调整至第3秒的位置，设置【X Rotation】、【Y Rotation】和【Z Rotation】的参数，如图4-16所示，

步骤 7 按【Ctrl+N】键，新建一个合成影像，命名为"参考层"，设置参数，如图4-17所示。

步骤 8 在时间线窗口中单击鼠标右键，在弹出的关联菜单中选择【New】/【Solid】命令，创建一个固态层，如图4-18所示。

图4-16　设置参数

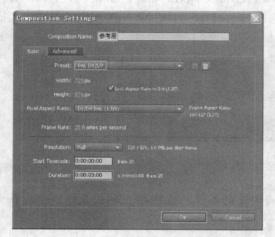

图4-17　创建"参考层"

图4-18　创建固态层

步骤 ⑨ 选择菜单栏中的【Effects】/【Generate】/【Ramp】命令，为固态层添加一个【Ramp】（渐变）特效，其参数设置如图4-19所示。

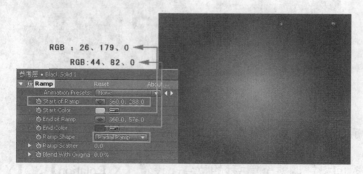

图4-19　添加Ramp（渐变）特效

步骤 ⑩ 按【Ctrl+N】键，新建一个合成影像，命名为"文字飞舞"，设置参数，如图4-20所示。

步骤 ⑪ 将项目窗口中的【文字】和【参考层】拖至时间线窗口中，如图4-21所示。

步骤 ⑫ 按【Ctrl+Y】键，新建一个固态层，如图4-22所示。

图4-20 创建新的合成影像　　　　　图4-21 拖入【文字】和【参考层】至时间线窗口中

步骤 ⑬ 选择菜单栏中的【Effects】/【Simulation】/【Particle Playground】命令，为固态层添加一个粒子特效，展开【Cannon】选项设置参数，如图4-23所示。

图4-22 创建固态层　　　　　　　　图4-23 设置特效的参数

步骤 ⑭ 再展开【Layer Map】选项，设置参数，如图4-24所示。

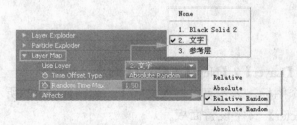

图4-24 设置【Layer Map】参数

步骤 ⑮ 再展开【Persistent Property Mapper】选项，设置参数，如图4-25所示。

步骤 ⑯ 选择菜单栏中的【Effects】/【Stylize】/【Glow】命令，为固态层添加一个发光特效，设置参数，如图4-26所示。

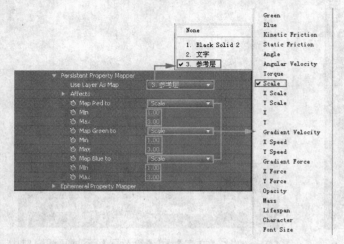

图4-25 设置【Persistent Property Mapper】参数   图4-26 添加特效

步骤 ⑰ 至此，文字飞舞动画制作完成，单击【Preview】窗口中的■按钮，查看效果，部分截图如图4-27所示。

图4-27 动画截图

步骤 ⑱ 选择【File】/【Save】命令，将文件保存为"飞舞的文字.aep"。

4.3 文本录入

在菜单栏中选择【Layer】/【New】/【Text】命令，可以创建一个文字层，此时会在合成影像窗口中出现一个图标，表示可以输入文字了。单击如图4-28所示的工具面板上的■按钮，可以打开【Character】文字设置面板。

提示   工具面板的位置可以调整，此处为调整位置后的工具面板。

在文字面板中可以调整字体的类型、大小、颜色、边缘色、间距等，还可以为输入的文字自动命名，如图4-29所示。

图4-28 工具面板

图4-29 文字面板

4.4 文本图层的动画属性

创建文字层后，展开其属性项，如图4-30所示，可以看到除了文字层属性，其中还包括路径及其他参数的控制。

图4-30 文字属性项

如果在合成影像窗口中创建一条路径Mask1，如图4-31所示，在文字层属性面板中可以选择该路径，使文字沿路径排列。

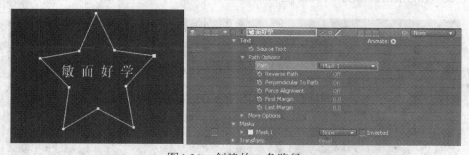

图4-31 创建的一条路径

选择【Mask1】项后，文字沿路径排列，如图4-32所示。

【Reverse Path】项控制文字沿路径排列的方向，如图4-33所示。

【Perpendicular To Path】项控制文字的方向是否与路径的法线方向一致，如图4-34所示。

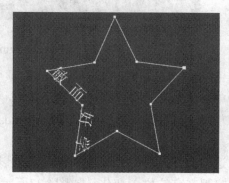

图4-32 文字沿路径排列

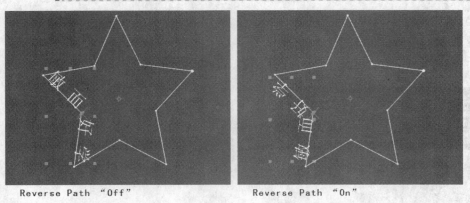

图4-33　【Reverse Path】项控制文字沿路径排列的方向

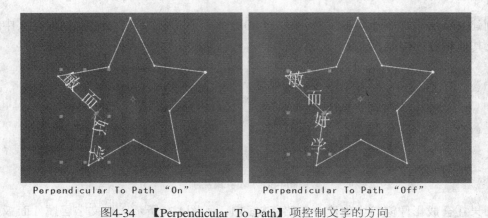

图4-34　【Perpendicular To Path】项控制文字的方向

【Force Aligment】项控制文字是否沿路径自动对齐，如图4-35所示。

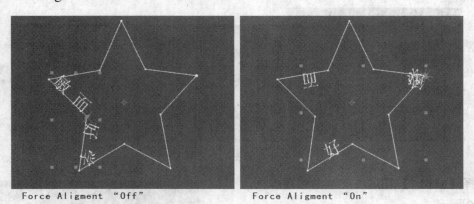

图4-35　【Force Aligment】项控制文字沿路径自动对齐

【First Margin】/【Last Margin】项可以从文字的起点或终点控制字间距。

单击【Animate】项右侧的 ◉ 小按钮，如图4-36所示，可以在弹出的菜单栏中选择文字的动画方式，与选择菜单栏中的【Animation】/【Animation Text】命令时弹出的菜单中的内容相同。

这些命令的参数设置很类似，此处以【Position】为例进行简单介绍。【Position】属性可以控制文字的位置变化，如图4-37所示。

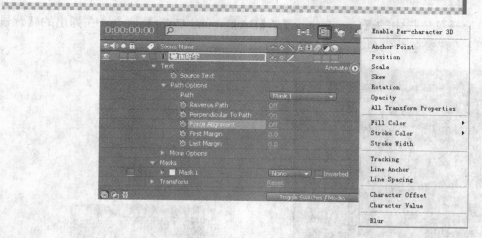

图4-36 动画方式

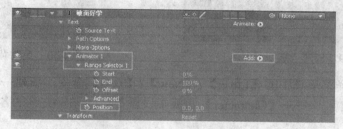

图4-37 【Position】属性

【Range Selector1】可以通过【Start】、【End】属性值控制文字的变化范围，通过调整【Offset】参数使文字的变化范围发生平移，设置其关键帧可以使文字发生平滑的渐变效果。【Advanced】命令可以更精细地控制文字的变化顺序，其参数项如图4-38所示。

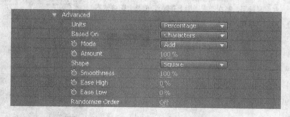

图4-38 【Advanced】参数项

4.5 实例：录入文字效果

本例主要学习动画样式的引用。先创建文字，制作文字逐个出现在屏幕上的打字动画效果，再导入电脑图片素材，制作电脑屏幕，最后将打字动画合成到电脑屏幕中。

操 作 步 骤

步骤 ① 双击 Ae 图标，启动AE CS4应用程序。

步骤 ② 按【Ctrl+N】键，新建一个合成影像，命名为"打字动画"，设置其参数，如图4-39所示。

步骤 3 选择菜单栏中的【Composition】/【Background Color】命令，在弹出的【背景颜色】窗口中设置背景色为白色，如图4-40所示。

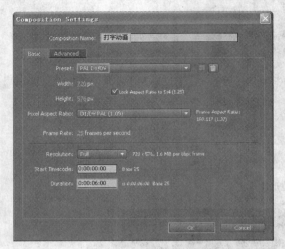

图4-39　创建合成影像　　　　　　　　　　图4-40　更改背景色

步骤 4 选择菜单栏中的【Layer】/【New】/【Text】命令，新建一个文字层，在合成影像窗口中输入文字，并在【Character】面板中设置参数，调整文字的各项属性，如图4-41所示。

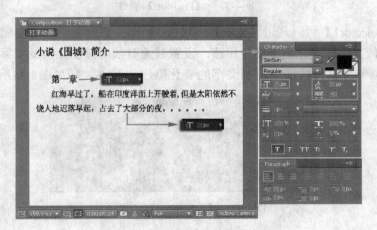

图4-41　创建文字层并设置参数

步骤 5 选中文字层，在时间指针为第0帧的位置，选择菜单栏中的【Window】/【Effects &Preset】命令，打开【Effects&Preset】窗口，展开【Animation Presets】/【Text】/【Multi-Line】项，选择【Word Processor】项，将其拖至时间线的文字层上即可应用动画样式，如图4-42所示。

 此处也可以使用另一种方式选择动画样式：选择菜单栏中的【Animation】/【Apply Animation Preset】命令，再选择【Presets】/【Text】/【Multi-Line】文件夹下的【Word Processor.ffx】项，单击 打开(O) 按钮，对文字层应用动画样式。

步骤 6 单击【空格】键观察动画效果，发现默认完成的动画并不理想。在时间线窗口中选择文字层，按【U】键显示其动画设置项，如图4-43所示。

图4-42 应用动画样式　　　　　　　　图4-43 动画设置项

步骤 7 单击【Type _on】项下【Slider】项前的 按钮，将其原来的关键帧去掉，然后将时间指针调整至第12帧的位置，单击【Type_on】项下【Slider】项前的 按钮，设置一个关键帧，将时间指针调整至1秒的位置，设置【Slider】项为9，使合成影像窗口中的第一行文字出现，如图4-44所示。

图4-44 记录一个关键帧

步骤 8 在时间线窗口中确认选中第1秒的关键帧，按【Ctrl+C】键将其复制，调整时间指针至1秒12帧的位置，按【Ctrl+V】键将其粘贴，如图4-45所示。此处为了达到停顿的效果，在不同的位置上的两个关键帧参数相同。

图4-45 复制关键帧

步骤 9 将时间指针调整至1秒20帧的位置，更改【Slider】参数为16，此时第二行文字刚好完全出现，如图4-46所示。

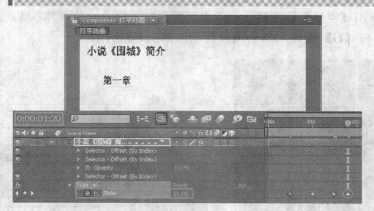

图4-46 设置第二行文字

步骤 ⑩ 用同样的方法再将1秒20帧处的关键帧进行复制，将时间指针调整至2秒6帧的位置，按【Ctrl+V】键将其粘贴，使第二行文字出现后有一个停顿，如图4-47所示。

图4-47 复制关键帧

步骤 ⑪ 将时间指针调整至第5帧，设置【Slider】参数为65，效果如图4-48所示。

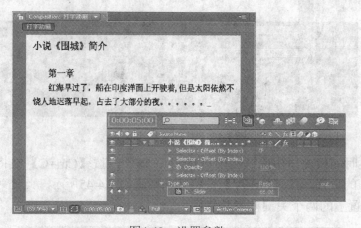

图4-48 设置参数

 在文字最后添加一个符号，如：井号"#"，可以测试关键帧，使得可以显示出井号"#"前的所有文字，而又可以隐藏井号。

步骤 ⑫ 按【Ctrl+N】键，新建一个合成影像，命名为"屏幕打字"，如图4-49所示。

步骤 ⑬ 在项目窗口中的空白处双击，打开【Import File】窗口，选择"液晶屏幕.tga"文件，将其导入，并拖至时间线窗口中，如图4-50所示。

步骤 ⑭ 单击主工具栏中的 ▇按钮，在合成影像窗口中根据电脑屏幕绘制一个封闭遮罩，然后在时间线窗口中勾选【Mask1】后的【Inverted】选项，再单击合成影像窗口中的███按钮，观察效果，如图4-51所示。

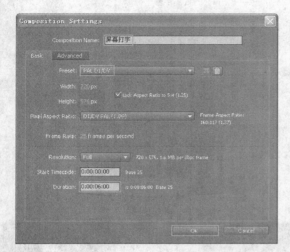

图4-49 新建合成影像

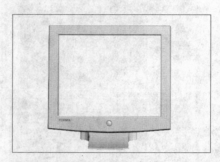

图4-50 导入素材

步骤 15 按【Ctrl+Y】键，新建一个固态层，命名为屏幕，设置颜色为蓝色，如图4-52所示。

图4-51 绘制遮罩

图4-52 创建固态层

步骤 16 在时间线窗口中选中屏幕层，选择菜单栏中的【Effects】/【Generate】/【Circle】命令，在打开的面板中设置参数，如图4-53所示。

步骤 17 在时间线窗口中选中【Circle】特效，按【Ctrl+C】键将其复制一个，并修改【Circle2】参数的【Center】项为"720，288"，其他选项参数不变，如图4-54所示。

图4-53 设置参数

步骤 18 展开"屏幕"层的【Transform】选项,设置参数,然后将"屏幕"层调整至时间线窗口的底层,如图4-55所示。

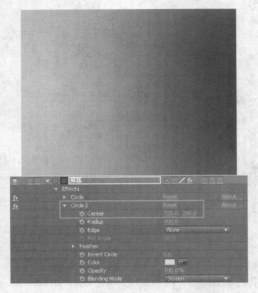

图4-54 复制特效、修改参数

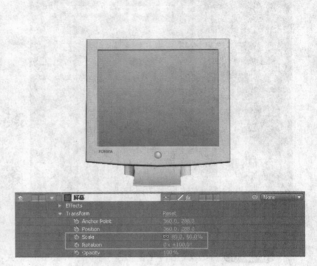

图4-55 设置"屏幕层"参数

步骤 19 将项目窗口中的"打字动画"拖动至时间线窗口中的最上层,调整文字的大小和位置,如图4-56所示。

图4-56 设置文字层的大小及位置

步骤 20 至此,打字动画制作完成,单击【Preview】窗口中的 按钮,查看效果。

步骤 21 选择【File】/【Save】命令,将文件保存为"屏幕打字.aep"。

课后练习

运用Animation制作变色文字动画。先创建一个合成影像,再创建一个固态层,为其添加渐变特效,输入文字,设置动画并查看效果。

操作步骤

步骤 1 启动AE CS4应用程序,按【Ctrl+N】键,新建一个合成影像,命名为"文字变色",如图4-57所示。

步骤② 然后再按【Ctrl+Y】键，新建一个固态层，作为背景，如图4-58所示。

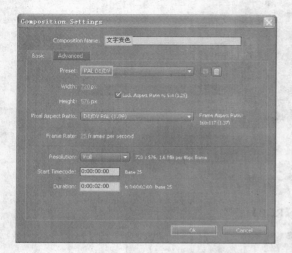

图4-57　新建合成影像

图4-58　创建的固态层

步骤③ 为固态层添加一个【Ramp】特效，设置参数，如图4-59所示。

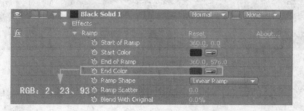

图4-59　设置特效参数

步骤④ 在工具栏上单击　按钮，在合成影像窗口中输入文字，如图4-60所示。

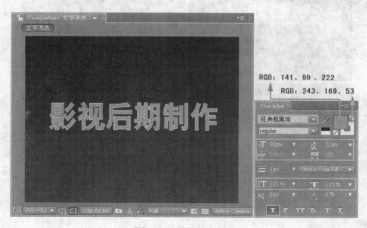

图4-60　输入文字

步骤⑤ 在时间线窗口中选中“文字”层，单击其【Animate】动画选项右侧的“三角形”按钮，在弹出的菜单中选择【Fill Color】/【RGB】命令，设置参数，如图4-61所示。

步骤⑥ 单击【Animation1】后【Add：】右侧的“三角形”小按钮，在弹出的菜单中选择【Selector】/【Wiggly】（扭动）命令，设置参数，如图4-62所示。

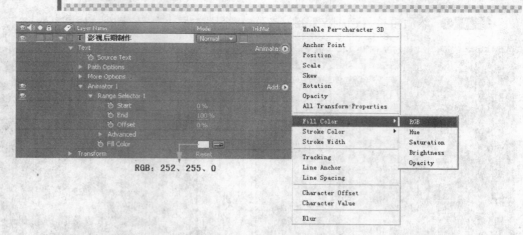

RGB: 252、255、0

图4-61 设置【RGB】参数

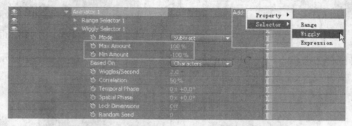

图4-62 设置【Wiggly Selector1】参数

步骤 7 至此，文字变色动画制作完成，按【空格】键查看效果，截图如图4-63所示。

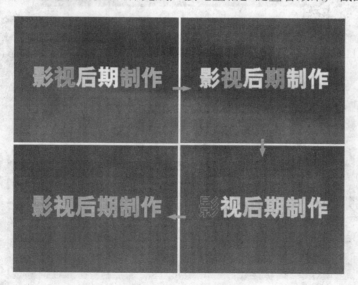

图4-63 动画截图

步骤 8 选择【File】/【Save】命令，将文件保存为"文字变色.aep"。

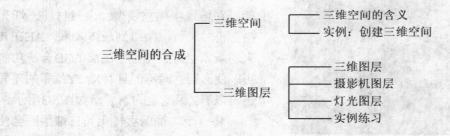

第5课

三维空间合成

三维即前后、上下、左右。三维能够容纳二维。三维空间的长、宽、高三条轴是说明在三维空间中的物体相对原点的距离关系。

本课主要学习AE CS4中三维图层、摄影机图层、灯光图层的使用方法，通过实例制作加强对三维空间及图层的理解。

本课知识结构：

```
                              ┌─── 三维空间的含义
                    ┌─ 三维空间 ┤
                    │          └─── 实例：创建三维空间
三维空间的合成 ─────┤
                    │          ┌─── 三维图层
                    │          ├─── 摄影机图层
                    └─ 三维图层 ┤
                               ├─── 灯光图层
                               └─── 实例练习
```

就业达标要求：

1：了解三维空间的意义。

2：掌握创建三维空间的方法。

3：学会各种三维图层的使用。

4：结合实例举一反三，掌握重点。

5.1 三维空间的意义

"维"这里表示方向。由一个方向确立的空间模式是一维空间，一维空间呈现了直线性，只被一个方向确立。由两个方向确立的空间模式是二维空间，二维空间呈面性，由长、宽两个方向确立。同理，三维空间呈体性，由长、宽、高三个方向确立。四维空间呈时空流动性，被长、宽、高和时间四个方向共同确立。

常被提到的三维动画，也可以说是三维物体在时间方向上的运动状况，三维动画截图如图5-1所示。

一个世界的构成必须满足两个条件：空间和时间，如果这两者之间有一个不存在，那么这个世界就无意义，无意义也就是说不存在。

三维空间可以在生活中以动、植物的形式表现出来：植物是典型的一维空间生物，其枝叶的成长是延伸的；蚂蚁是典型的适应二维空间的生命形式。其认知能力只对前后（长）、左右（宽）所确立的面性空间有感应，不知有上下（高）；人类是生存在三维空间里的生命形式。人类社会的万千事物都只能存在于长、宽、高确立的空间和与时间的接触点"现在"所构成的生存模式中。

三维动画截图如图5-2所示。

图5-1　三维动画截图（1）

图5-2　三维动画截图（2）

图5-3　三维动画截图（3）

三维空间是一个能够定义物体、颜色、纹理和灯光的开放空间，3D动画的创建包括：在场景中建立模型、设置材质、灯光、摄影机并进行渲染得到最终效果。AE在其后来的版本中大大增强了图层的3D合成功能，可以使两层之间不但具有X、Y位置的差异，还可以有Z深度上的差异，如图5-3所示。

将一个二维图层转化为三维层图会使图层增加：Position（z）、Anchor Point（z）、Scale（z）、Orientation、X Rotation、Y Rotation、Z Rotation等选项和一些相关特性，在AE中只有三维图层是需要阴影、灯光、摄影机相配合的，如图5-4所示。

图5-4　二维图层（左）与三维图层（右）

任何图层均可转换为三维图层，除了音频图层。不同的图层之间还可以相互投影、遮挡。AE还可以架设自己的摄像机，使素材形成透视影像，并可以为摄像机设置位置关键帧，从而产生各种推拉摇移的镜头效果，如图5-5所示。

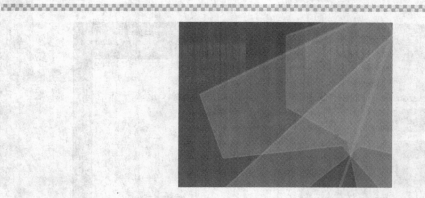

图5-5 摄像机镜头效果

5.2 实例：搭建三维数字空间

本例先创建固态层，打开其三维选项，修改参数以产生地面效果，再创建文字层，调整其位置，使文字立在固态层中，最后为其添加特效，生成动画。

操作步骤

步骤 ① 双击 AE 图标，启动AE CS4应用程序。

步骤 ② 按【Ctrl+N】键，新建一个合成影像，命名为"合成"， 在弹出的【Composition Settings】对话框中设置参数，如图5-6所示。

步骤 ③ 选择菜单栏中的【Layer】/【New】/【Solid】命令，新建一个固态层，命名为"墙面"，如图5-7所示。

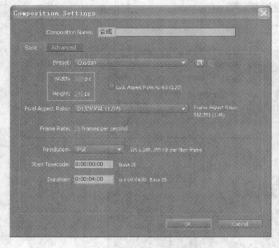

图5-6 新建合成影像

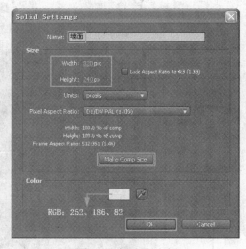

图5-7 创建固态层

步骤 ④ 单击主工具栏中的 按钮，在合成影像窗口中将其中间的锚点（Anchor Point）移动到层的最下端的位置，如图5-8所示。

步骤 ⑤ 在时间线窗口中选中固态层，按【Ctrl+D】键将其复制一个，然后选中复制的层，按【Enter】键将其命名，并打开两个层的3D开关，如图5-9所示。

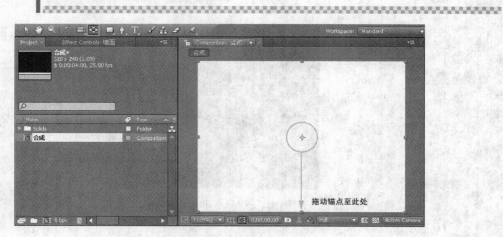

图5-8　调整锚点位置

图5-9　3D开关

步骤 6 在时间线窗口中单击鼠标右键，在弹出的关联菜单中选择【New】/【Camera】命令，创建一个摄影机层，如图5-10所示。

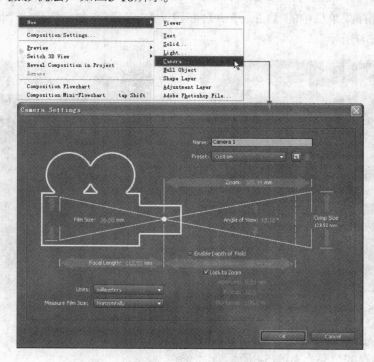

图5-10　创建摄影机层

步骤 7 在时间线窗口中选中"地面"层，按【R】键打开其旋转属性框，设置参数，使墙面和地面成90度，如图5-11所示。

步骤 8 在时间线窗口中选中摄影机层，打开其【Transform】属性组，设置参数，如图5-12所示。

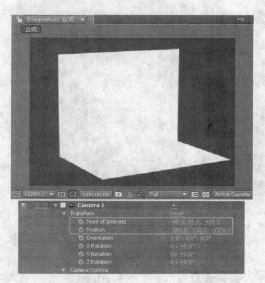

图5-11 设置"地面"层参数   图5-12 设置"摄影机"层参数

步骤 9 确认"墙面"【Material Options】属性下的【Accepts Shadows】（接受阴影）和【Accepts Lights】（接受灯光）选项为【On】（启动），它们用来接受灯光照射。

步骤 10 在时间窗口中的空白处单击鼠标右键，在弹出的关联菜单中选择【New】/【Light】命令，创建一个灯光层，设置参数，如图5-13所示。

步骤 11 在时间线窗口中打开"灯光"层属性，设置参数，如图5-14 所示。主光源主要用来照明和投射阴影。

图5-13 创建灯光层   图5-14 设置"灯光"层参数

步骤 12 确认选中灯光层，按【Ctrl+D】键，将灯光层复制一个，命名为"环境光"，设置参数，如图5-15所示。环境光用来对环境进行补光。

步骤 13 在菜单栏中选择【File】/【Import】/【File】命令，或者在项目窗口中的空处双击打开【Import File】对话框，选择如图5-16所示的文件。

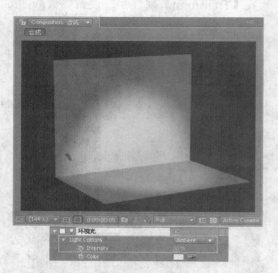

图5-15 设置"环境光"参数

图5-16 导入素材

步骤 ⑭ 该图片带有Alpha通道，导入时会弹出如图5-17所示的对话框。

步骤 ⑮ 将素材拖至时间线窗口中，设置其参数，如图5-18所示。

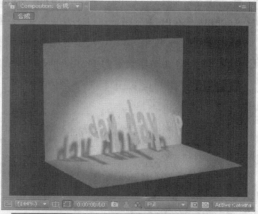

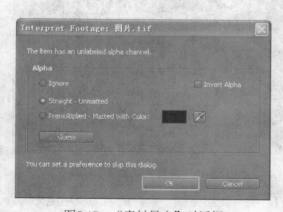

图5-17 "素材导入"对话框

图5-18 设置参数

步骤 ⑯ 至此，三维数字空间搭建完成，选择【File】/【Save】命令，将文件保存为"空间搭建.aep"。

5.3 三维图层与摄影机图层

AE CS4具有强大的合成功能，能够方便、准确地体现出图层的透视关系，不同的层之间可以相互投影、遮挡。

创建一个固态层，在时间线窗口中打开图层旁边的**3D开关**，就可以将图层设置为3D图层，如图5-19所示。

图5-19　3D开关

设置为3D图层后，打开层属性，可发现其【Position】属性和【Scale】属性中多出了Z坐标轴，还多出了一些选项，其对比情况如图5-20所示。

在合成影像窗口中可以看到红、绿、蓝三色坐标轴，分别代表X、Y、Z轴的方向，如图5-21所示。

图5-20　图层对比

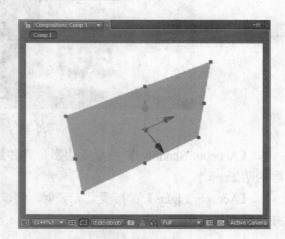

图5-21　三色坐标轴

3D图层属性

单击工具面板中的■按钮，可以在合成影像窗口中拖动坐标轴进行移动，单击■按钮，在坐标轴上拖动，可以任意旋转图层，同时按住【Shift】键操作，可以加大图层移动和旋转的幅度。

展开3D图层的属性栏，可以看到其【Material Options】属性，如图5-22所示。

图5-22　【Material Options】属性

【Casts Shadows】：投射阴影。其中有三个选择，系统默认参数为"Off"，关闭阴影投射；如果设置为"On"，可以使此图层向别的图层投射阴影；若设置为"Only"，图层将只显示出阴影，原图层不可见，如图5-23所示。

图5-23　投射阴影

【Light Transmission】：灯光穿透性。当投射阴影设置为【On】或【Only】时，该参数可以改变阴影的颜色，该值为【100%】时，灯光将完全穿透原层，阴影颜色和层颜色完全相同，当值为【0%】时，灯光完全被原层遮挡，阴影颜色为黑色，如图5-24所示。

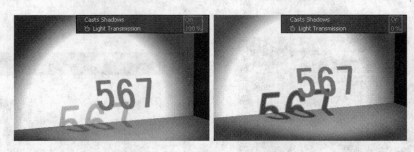

图5-24　灯光穿透性

【Accepts Shadows】：接受阴影。将参数设置为【On】时，可以使该图层接受别的图层的阴影。

【Accepts Lights】：接受灯光照射，将该参数设置为【On】时，图层接受灯光的照明，并呈现明暗效果，如图5-25所示。

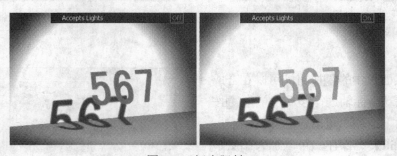

图5-25　灯光照射

【Ambient】、【Diffuse】、【Specular】、【Shininess】：用于定义图层的材质。

5.4　灯光层的使用

灯光层可以为3D图层提供照明，并只对3D图层起作用，2D图层不受影响，灯光层分为：Parallel、Spot、Point、Ambient四种，如图5-26所示。

图5-26　灯光层分类

灯光层可以对灯光进行移动、旋转的操作，操作方法与3D图层相同，四种灯光的区别如图5-27所示。

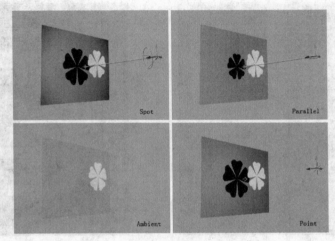

图5-27　区别效果

在灯光层的属性栏中可以定义灯光的颜色、强度、灯光夹角、投影、阴影明暗度等属性，如图5-28所示。

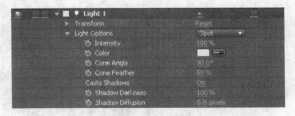

图5-28　灯光层属性

【Intensity】：用于控制灯光的强度。

【Cone Angle】：用于控制灯光夹角。

【Casts Shadows】：投射阴影。

【Shadow Darkness】和【Shadow Diffusion】：用于控制灯光阴影明暗度和阴影边缘羽化程度。

5.5 实例：人物专访中的照片的三维处理

本例先创建一个固态层，为其添加特效，制作背景，再导入素材，设置摄影机层，设置素材参数，调整位置及大小，最后生成动画。

操 作 步 骤

步骤 ① 双击 AE 图标，启动AE CS4应用程序。

步骤 ② 按【Ctrl+N】键，新建一个合成影像，命名为"照片三维处理"，在弹出的【Composition Settings】对话框中设置参数，如图5-29所示。

步骤 ③ 选择菜单栏中的【Layer】/【New】/【Solid】命令，新建一个固态层，命名为"背景"，如图5-30所示。

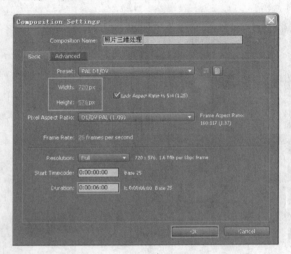
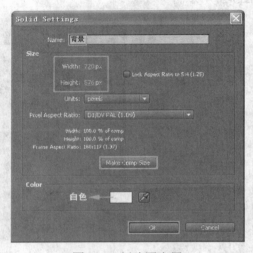

图5-29 新建合成影像　　　　　　　　　　图5-30 新建固态层

步骤 ④ 在时间线窗口中选中"背景"层，选择菜单栏中的【Effect】/【Generate】/【4-Color Gradient】命令，为其添加一个颜色特效，如图5-31所示。

图5-31 添加特效

步骤 ⑤ 在时间线窗口中展开其特效属性，确认时间指针在0帧的位置，为其四种颜色设置四个关键帧，并设置参数，如图5-32所示。

图5-32　设置关键帧

步骤 6 将时间指针调整至5秒24帧处，设置参数，使四种颜色的位置产生逆时针变化，如图5-33所示。

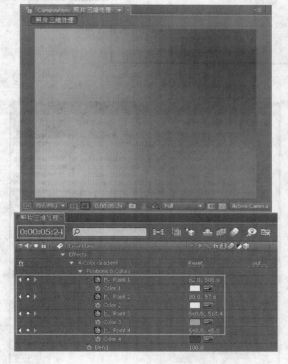

图5-33　设置参数

 提示 此处颜色的调整是为了增强视觉效果，用户可以按自己的喜好进行设置。

步骤 7 在项目窗口中的空白处双击，打开【Import File】对话框，选择相应的素材，导入AE，如图5-34所示。

步骤 8 再用同样的方法在【Import File】对话框中导入"彗星"的Tga序列文件，如图5-35所示。

步骤 9 将"彗星"序列文件拖至时间线窗口中，当鼠标变为↔状时，调整文件的长度，然后按【P】键打开其位置属性框，设置【Position】参数为（360，230），如图5-36所示。

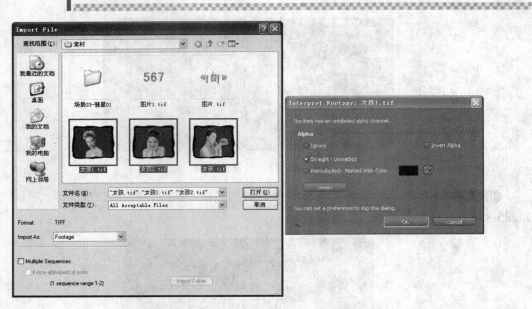

图5-34　导入素材

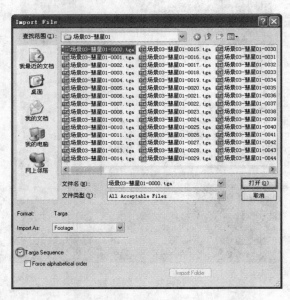

图5-35　导入序列素材

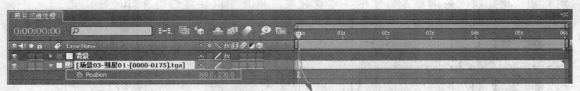

将鼠标放至此处，鼠标变成█状，向右拖动，将素材长度调整为6秒

图5-36　设置【Position】参数

步骤⑩ 在时间线窗口中单击鼠标右键，在弹出的关联菜单中选择【New】/【Camera】命令，创建一个摄影机图层，如图5-37所示。

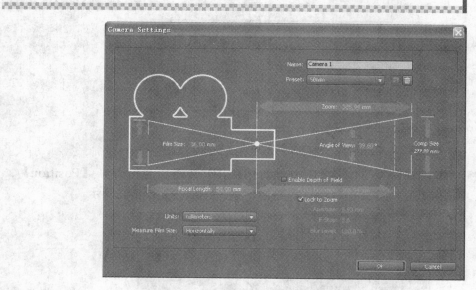

图5-37 创建摄影机图层

步骤 ⑪ 在时间线窗口中选取摄影机图层，设置参数，如图5-38所示。

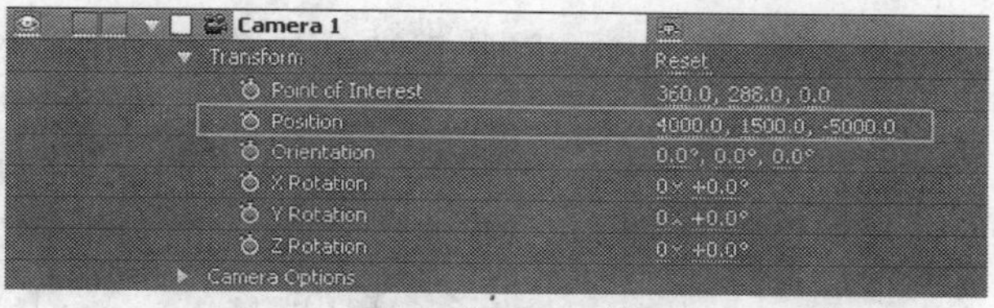

图5-38 设置参数

步骤 ⑫ 将三张图片素材拖入时间线窗口中，打开其3D开关，如图5-39所示。

图5-39 打开3D开关

步骤 ⑬ 在时间线窗口中选中"女孩.tif"图片素材，确认时间指针在第0帧，打开其【Position】、【Scale】属性项，单击其前面的◎按钮，设置关键帧，调整参数，如图5-40所示。

图5-40 设置关键帧及参数

步骤 ⑭ 再将时间指针调整至5秒24帧，调整参数，记录关键帧，如图5-41所示。

图5-41　设置参数及记录关键帧

步骤 15 将时间指针调整至0帧，选中"女孩1.tif"文件，也打开其【Position】、【Scale】属性，单击其前面的 按钮，设置参数，记录关键帧，如图5-42所示。

图5-42　为"女孩1.tif"层记录关键帧

步骤 16 将时间指针调整至5秒24帧，调整参数，如图5-43所示。

图5-43　调整参数

步骤 17 再用同样的方法对"女孩2.tif"文件进行关键帧设置，并调整参数，如图5-44所示。

步骤 18 至此，人物照片的三维处理完成，部分截图如图5-45所示。

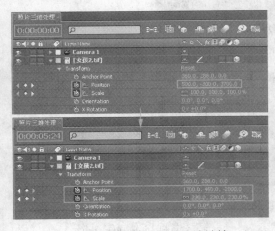

图5-44　设置参数、记录关键帧

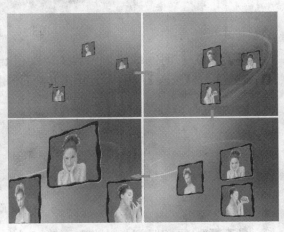

图5-45　动画截图

步骤 ⑲ 选择【File】/【Save】命令，将文件保存为"照片三维处理.aep"。

课后练习

制作摄影机动画。先创建一个合成影像，再新建一个固态层，打开其3D开关后设置摄影机图层参数，再导入素材，设置位置动画，最后查看效果。

操作步骤

步骤 ① 启动AE CS4应用程序，按【Ctrl+N】键，创建一个合成影像，命名为"动画"，如图5-46所示。

步骤 ② 按【Ctrl+Y】键，新建一个固态层，命名为"地面"，如图5-47所示。

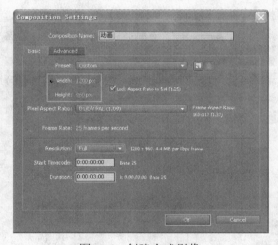

图5-46 创建合成影像

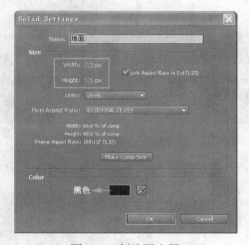

图5-47 创建固态层

步骤 ③ 在时间线窗口中选中"地面"层，打开其3D开关，设置参数，如图5-48所示。

步骤 ④ 在时间线窗口中创建一个摄影机图层，设置参数，如图5-49所示。

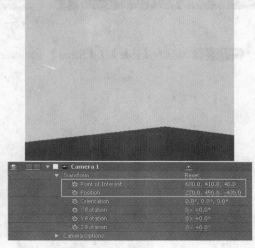

图5-48 设置参数

图5-49 设置摄影机图层参数

步骤 5 在项目窗口中的空白处双击，在弹出的对话框中选择"厅.jpg"文件，将其导入AE中，打开其3D开关，设置参数，如图5-50所示。

步骤 6 在时间线窗口中选中摄影机图层，按【P】键，打开其【Position】属性，确认时间指针在第0帧，单击◎按钮，设置参数，记录关键帧，如图5-51所示。

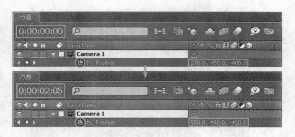

图5-50 设置参数   图5-51 记录关键帧

步骤 7 至此，摄影机动画制作完成，部分截图如图5-52所示。

图5-52 部分截图

步骤 8 选择【File】/【Save】命令，将文件保存为"摄影机动画.aep"。

截取与遮罩

无论是在影视后期制作或是在图片的后期处理中，大部分的操作都是有针对性的局部操作，在Photoshop、AE、Premiere Pro等软件中，遮罩（Mask）的应用十分广泛，本课主要通过基础理论和实例相结合的方法学习如何运用AE CS4中的遮罩命令，对影像实现局部的设置和调整。

本课知识结构：

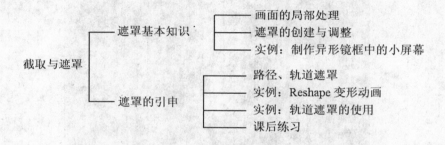

就业达标要求：

1：了解遮罩基本知识。
2：结合实例练习掌握遮罩的用法。

6.1　画面的局部处理

要对影像进行局部处理先要对需要修改或处理的影像进行选择。遮罩是一个路径或者图形，在AE CS4中可以选取主工具栏中的▣（矩形）工具及相关的四种图形，或者▣（钢笔）工具来定义遮罩的形状。

遮罩用于修改层的Alpha通道，AE中层的合成均采用Alpha通道合成。钢笔工具可以定义任意形状的遮罩，其默认创建的是直线边界的遮罩。遮罩效果如图6-1所示。

运用了遮罩效果的层，将只有部分的影像能显示在合成影像中，也可以勾选【Invert】选项进行反向选择。需要注意的是，封闭的路径才能定义一个遮罩，否则只能是一条路径，无法定义出透明区域。

AE CS4中支持对选中图层设置多个遮罩，遮罩层可以允许用户阻止某幅图片不透过该层、其下一层或背景显示出来，也就是传统中遮掩图片的某部分的一种方式。

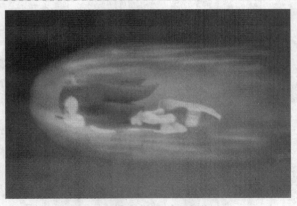

图6-1　遮罩效果1

遮罩（Mask）是由至少2个对象组合起来的，一个是被改变的对象，另一个是作为遮罩的对象。合成后的遮罩效果如图6-2所示。

图6-2　遮罩效果2

6.2　遮罩的创建和调整

在主工具栏中选择■（矩形）工具或者■（钢笔）工具后，可以在合成影像窗口中绘制遮罩图形，也可以运用第三方软件进行创建。通常情况下，遮罩的操作对象为平面图片和静态帧，不运用在视频中。

在电视上经常出现一些科幻电影拍摄现场其背景是蓝色或绿色的，而演员则与自己想象的对手在演戏，由此可见，如果用户还需要用遮罩来制作动态的效果，则背景一定不能是复杂的，这样方便操作，如图6-3所示。

6.2.1　遮罩的基本操作

创建遮罩的方法很简单，在工具栏中选择■（矩形）工具，或在其关联菜单中选择其他如图6-4所示的图形工具，然后在合成影像窗口中单击鼠标，按住左键拖动鼠标，即可创建遮罩，而其图形上的每个控制点都有两个曲线调整句柄，可以对每个曲线句柄进行单独调整。

图6-3 遮罩效果的背景

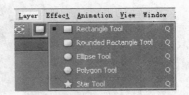

图6-4 矩形工具

AE CS4的钢笔工具中有一个"RotoBeizer"（自动贝塞尔）选项，可以绘制出光滑的遮罩路径，特别是在略为复杂的图形中，"RotoBeizer"功能能够根据图形产生一个类似吸附的效果，使绘制的遮罩十分柔和，具有良好的效果，如图6-5所示。

使用"RotoBeizer"功能后，各控制点不会出现控制句柄，如果用户想自行调整，可以取消选择此项，则各控制点的句柄会重新出现。

图6-5 "RotoBeizer"功能的效果

可以看到在钢笔工具的相关菜单中，还有增减控制点和调整控制点的工具，如图6-6所示。在调整遮罩时，可以选择控制点，调整控制点的位置，被选中的控制点以实心表示，未选中的控制点是空心的。

调整遮罩时，可以按住【Shift】键对控制点进行多个选择，也可以按住【Alt】键，然后单击遮罩，选择整个遮罩。还可以双击遮罩，在弹出的面板中对整个遮罩进行操作调整，如图6-7所示。

在绘制遮罩时应注意以下原则。

（1）绘制遮罩的形状要尽量简单，控制点的数量要尽量少，以使电脑系统运算速度更快，这样对遮罩的调整也更方便。

（2）绘制遮罩路径时，最后一定要封闭路径，这样才能定义出透明与不透明区域。

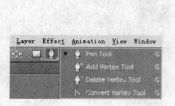

图6-6　钢笔工具中的其他工具

图6-7　遮罩层面板

6.2.2　遮罩快捷菜单

选择【Layer】/【Mask】命令，在弹出的关联菜单中可以对遮罩进行各种操作，也可以在合成影像窗口中右击遮罩边界，在弹出的关联菜单中选择【Mask】也可以进行同样的操作，如图6-8所示。

图6-8　关联菜单

New Mask：能够创建一个包括整个图层的矩形遮罩。

Mask Shape：弹出【Mask Shape】对话框，其中可以设置遮罩的具体参数，如图6-9所示。

Mask Feather：可以羽化遮罩边界，使遮罩的两个区域的过渡变得柔和，羽化前后的对比如图6-10所示。

Mask Opacity：打开【Mask Opacity】对话框定义遮罩区域内的透明度，如图6-11所示。

Mask Expansion：可以在打开的对话框中定义沿边界拓展或收缩遮罩，如图6-12所示。

Reset Mask：可以将任意形状的遮罩恢复成矩形遮罩。

Remove Mask：删除选中的遮罩。

Remove All Masks：删除该图层内的所有遮罩。

Mode：定义遮罩的拖加方式。其中共有7种选择模式。

图6-9 【Mask Shape】对话框

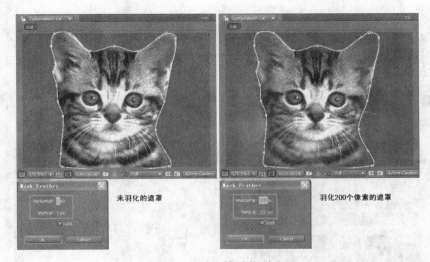

未羽化的遮罩　　　羽化200个像素的遮罩

图6-10 羽化前后的对比

图6-11 【Mask Opacity】对话框

图6-12 【Mask Expansion】对话框

6.3 实例：制作镜框中的小屏幕

本例主要通过遮罩的使用，学习制作镜框中的小屏幕。先导入素材创建一个合成影像，再创建一个固态层，绘制遮罩，进行调整设置。然后再创建一个合成影像，复制后反转遮罩区域，添加特效，导入需要的素材，最后调整其位置。

操 作 步 骤

步骤 ❶ 双击 AE 图标，启动AE CS4应用程序。

步骤 ❷ 在项目窗口中的空白处双击，在弹出的【Import File】对话框中选择"背景

.jpg"文件，将其导入AE，如图6-13所示。

图6-13　导入素材

步骤 3 在项目窗口中拖动"背景"素材至 ▣ 按钮上，创建一个新的合成影像，命名为"框"，如图6-14所示。

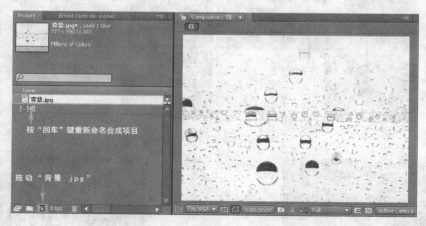

图6-14　创建合成影像

步骤 4 在时间线窗口中单击鼠标右键，在弹出的关联菜单中选择【New】/【Solid】命令，新建一个固态层，如图6-15所示。

步骤 5 在时间线窗口中确认选中固态层，选择工具栏中的 ▣（钢笔）工具，取消勾选【RotoBeizer】项。在合成影像窗口中根据固态层边缘绘制一个遮罩，如图6-16所示。

步骤 6 在时间线窗口中选中右侧的一个控制点，按住【Alt】键，拖动句柄，调整遮罩的形状，如图6-17所示。

步骤 7 选择工具栏上的 ▣（移动）按钮，在合成影像窗口中，调整遮罩各点位置，调整大小后的遮罩如图6-18所示。

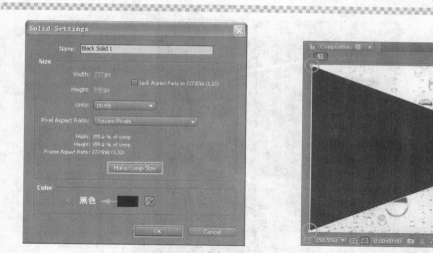

图6-15 创建固态层

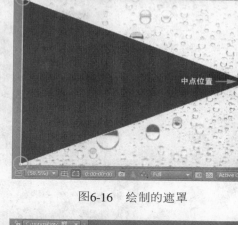

图6-16 绘制的遮罩

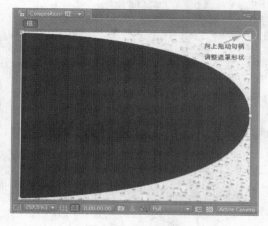

图6-17 调整形状

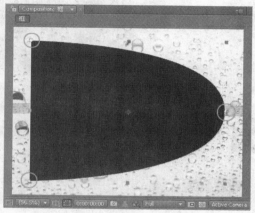

图6-18 调整大小后的遮罩

步骤 8 选择【Effect】/【Generate】/【Stroke】命令，为固态层添加一个特效，参数如图6-19所示。

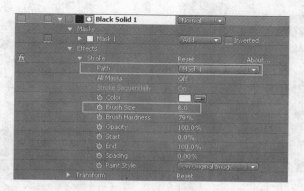

图6-19 设置参数

步骤 9 在时间线窗口中选择"背景"层，操作如图6-20所示。

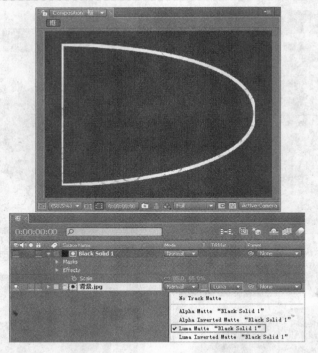

图6-20　调整"背景"层参数

 初级用户如果找不到此面板，可以单击时间线窗口下方的 Toggle Switches / Modes 按钮，即可实现转换。

步骤 **⑩** 在项目窗口中拖动"背景"至 按钮上，创建一个新的合成影像，如图6-21所示。

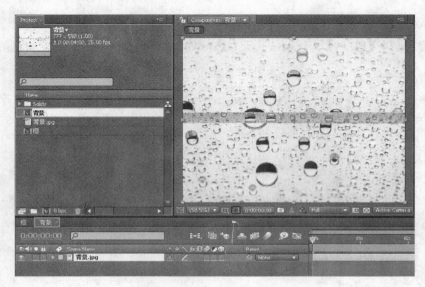

图6-21　新建合成影像

步骤 **⑪** 选择"框"合成影像，在合成影像窗口中按住【Alt】键，选中遮罩图形的整条路径，按【Ctrl+C】键将其复制。

步骤 ⑫ 选择"背景"合成影像，选中"背景"层，按【Ctrl+V】键将复制的遮罩粘贴到该层上，如图6-22所示。

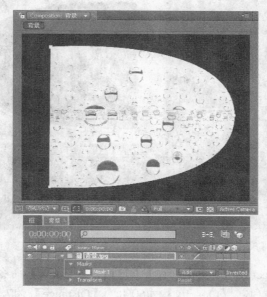

图6-22　复制、粘贴遮罩

步骤 ⑬ 在时间线窗口中勾选遮罩右侧的【Inverted】选项，反转遮罩区域，效果如图6-23所示。

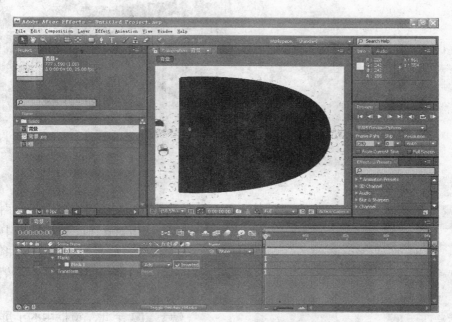

图6-23　反转遮罩区域

步骤 ⑭ 将"框"项目从项目窗口拖至时间线窗口中，然后选择【Effect】/【Perspective】/【Bevel Alpha】命令，为其添加一个特效，设置【Edge Thickness】项为10，【Light Intensity】项为0.7，效果如图6-24所示。

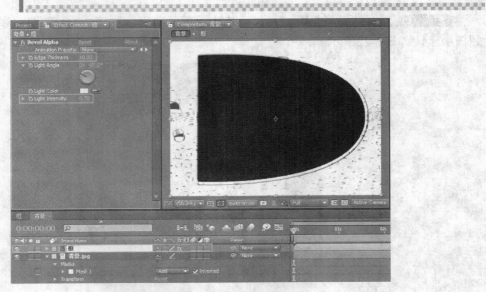

图6-24　添加Bevel Alpha特效

步骤 ⑮ 选择【Effect】/【Perspective】/【Drop Shadow】命令，再为"框"添加一个特效，设置阴影颜色为黄色，【Opacity】为60%，【Distance】为7，【Softness】为2，效果如图6-25所示。

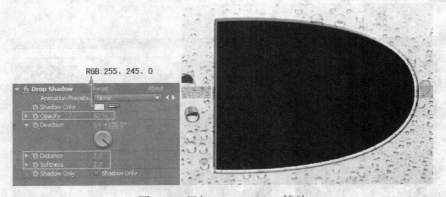

图6-25　添加Drop Shadow特效

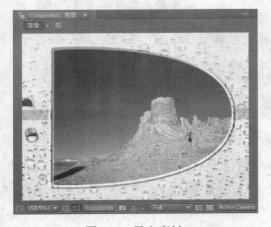

图6-26　导入素材

步骤 ⑯ 在项目窗口中的空白处双击，在弹出的【Import File】对话框中选择"建筑.jpg"文件，将其导入AE，再将其从项目窗口拖动至时间线窗口的底层，效果如图6-26所示。

步骤 ⑰ 至此，镜框中的小屏幕制作完成，单击【File】/【Save】命令，将文件保存为"异形镜框中的小屏幕.aep"。

6.4　遮罩的引申——路径、轨道遮罩

路径工具█，主要用于绘制不规则的遮罩和不闭合的路径，快捷键为【G】，在此工具上按下鼠标键不放可显示出添加节点工具、删除节点工具和转化节点工具，利用这些工具可以方便地对遮罩进行修改。另外，此工具也可用来编辑时间线面板中的关键帧。

要绘制路径需要会操作控制点的切线，选中绘制的路径遮罩，按【Ctrl+T】键，会产生一个约束框，要缩放路径遮罩可以用鼠标拖动约束框的句柄，如图6-27所示。

要对路径遮罩进行旋转，可以将鼠标放置在约束框的句柄附近，当鼠标变成双箭头形状时，拖动即可进行操作，如图6-28所示。

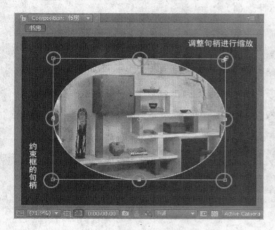
图6-27　缩放路径遮罩

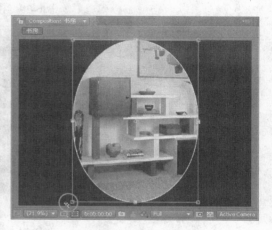
图6-28　旋转路径遮罩

6.4.1　遮罩的模式

遮罩动画，实际上就是一个动画的选择区域（Alpha通道），通过这个区域的变化，可以使底层显示的影像不断变化。可以使用关键帧设置动画遮罩形状、羽化值及透明度。

无论是路径遮罩还是轨道遮罩，如果要设置动画，都要先在层窗口中选择要创建动画的遮罩，然后在时间布局窗口中展开层的遮罩属性，单击【Mask Path】属性左边的█按钮，设置第一个关键帧，移动时间标记，然后改变遮罩形状，记录关键帧。

在时间线窗口中的【Mode】面板中可以控制遮罩的合成方式，若选择"None"模式，遮罩将失去控制透明区与不透明区的功能。此处以一个椭圆形遮罩和一个星形遮罩为例，如果选择"Add"模式，则两个路径呈并集选择状态，模式对比如图6-29所示。

"Subtract"模式可以使两个路径呈差集状态，"Intersect"模式能使两个路径呈交集状态，模式对比如图6-30所示。

Lighten模式是在合成影像中显示所有遮罩区域的内容，并采用所有遮罩中最高的透明度显示遮罩中的内容。

Darken模式在合成影像中只显示所有遮罩相交部分的内容，并采用所有遮罩中最低的透明度显示遮罩中的内容。

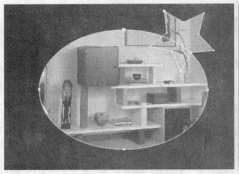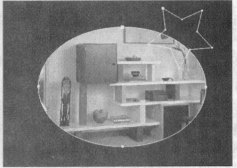

椭圆形：Add　　星形：Add　　　　　　　　椭圆形：Add　　星形：None

图6-29　模式对比（1）

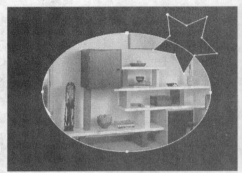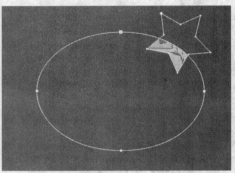

椭圆形：Add　　星形：Subtract　　　　　　椭圆形：Add　　星形：Intersect

图6-30　模式对比（2）

在时间线窗口中按【M】键，可显示出图层中所有的遮罩，可以对其进行操作，也可以反转透明与不透明区域，模式对比如图6-31所示。

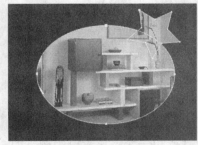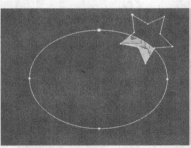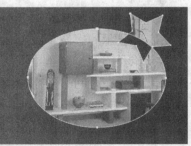

椭圆形：Add　星形：Lighten　　　　椭圆形：Add　星形：Darken　　　　反转

图6-31　模式对比（3）

6.4.2　Matte的定义

Matte是一个单独的层，用来定义本层和下层影像的透明度，在时间线窗口中，Matte层位于上层，下层是被定义透明度的层。使用Matte效果的对比如图6-32所示。

因为Matte层只用来定义透明度信息，不用来显示影像，则当上层被定义为下层的Matte层后，上层的视频开关将自动关闭。以上一节的制作的"镜框中的小屏幕"为例，如图6-33所示。

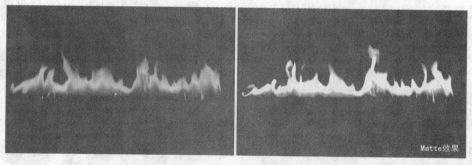

图6-32 使用Matte效果前后的对比

此时的黑色固态层被
定义为Matte层

图6-33 设置Matte层

·◦——●——◦·知识链接·◦——●——◦·

如果一个层被定义为Matte层，则不要在时间线窗口中拖动它以改变其位置，否则将失去Matte层的作用。

按F4键可以切换到层融合模式，Matte层之下的层将显示出Matte模式的选择项，可以用以选择Matte模式。

No Track Matte：上层Matte无作用，作为普通图层使用。

Alpha Matte：以Matte层的Alpha通道作为本层影像的透明通道。

Alpha Inverted Matte：反转Matte层的Alpha通道作为本层影像的透明通道。

Luma Matte：以Matte层的亮度值来确定本层影像的透明程度。

Luma Inverted Matte：反转Matte层的亮度值来确定本层影像的透明程度。

6.5 实例：Reshape变形动画

本例主要通过使用Reshape特效制作将一只小狗变成一个女孩的动画。先创建一个合成影像，将素材导入，并分层，然后绘制遮罩，并添加Reshape特效，记录关键帧，设置透明度，使其发生柔和变形。

操 作 步 骤

步骤 ❶ 双击 **AE** 图标，启动AE CS4应用程序。

步骤 ❷ 按【Ctrl+N】键，新建一个合成影像，命名为"合成"，如图6-34所示。

步骤 3 在项目窗口中空白处双击，在弹出的【Import File】对话框中选择"小狗.jpg"文件和"女孩.tif"文件，将其导入AE，如图6-35所示。

图6-34　新建合成影像　　　　　　　　图6-35　导入文件

步骤 4 将两个文件由项目窗口拖动至时间线窗口中。选中"小狗"层，将时间指针调整至1秒的位置，按【Ctrl+Shift+D】键将其分为两层，将分离出的较长的一段命名为"小狗变形"，如图6-36所示。

图6-36　素材分层

步骤 5 在时间线窗口中选中"女孩"层，将时间指针调整至第5秒的位置，用同样的方法将其分为两层，将较长的一段命名为"女孩变形"，并在时间线窗口中上下调整素材的位置，如图6-37所示。

图6-37　调整素材的位置

步骤 6 分别调整"小狗变形"层和"女孩变形"层的长度，使其与两端对齐，如图6-38所示。

步骤 7 在时间线窗口中双击"小狗变形"层，选中钢笔工具，在弹出的面板中为其绘制一个遮罩，如图6-39所示。

图6-38　调整图层长度

 用钢笔工具绘制后，可以用███工具和█工具，对控制点进行调整，调整过程很简单，此处不做详解。

步骤 **⑧** 用同样的方法，双击"女孩变形"层，绘制遮罩，如图6-40所示。

图6-39　绘制小狗的遮罩

图6-40　绘制女孩的遮罩

步骤 **⑨** 在时间线窗口中选中"女孩变形"层的遮罩，按【Ctrl+C】键将复制，再选中"小狗变形"层，按【Ctrl+V】键将"女孩变形"层的遮罩粘贴到"小狗变形"层中，如图6-41所示。

步骤 **⑩** 再用同样的方法，选中"小狗变形"层，将其遮罩【Mask1】复制到"女孩变形"层中，如图6-42所示。

步骤 **⑪** 在时间线窗口中选中"小狗变形"层，选择【Effect】/【Distort】/【Reshape】命令，为其添加变形特效，再设置参数，如图6-43所示。

图6-41 复制女孩变形遮罩

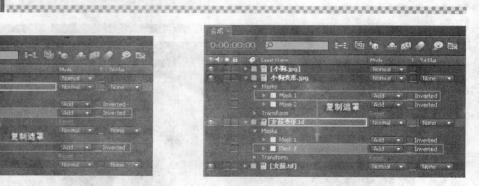

图6-42 复制小狗变形遮罩

图6-43 设置参数

步骤 ⑫ 将时间指针移动至1秒处，单击【Percent】前的◎按钮，设置关键帧，然后将时间指针移动第至5秒，设置【Percent】为100%，记录关键帧，如图6-44所示。

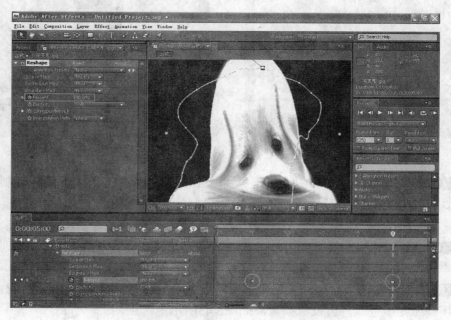

图6-44 记录关键帧

步骤⑬ 在时间线窗口中确认选中"小狗变形"层，按【T】键，打开其不透明度属性设置框，将时间指针移动至1秒处，单击【Opacity】项前的◎按钮，设置关键帧，再将时间指针移动至第5秒，设置【Opacity】项为0%，记录关键帧，如图6-45所示。

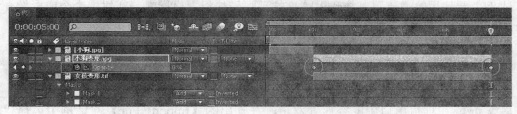

图6-45　设置不透明度

步骤⑭ 用相同的方法，为"女孩变形"层添加Reshape变形特效，设置参数，单击【Percent】前的◎按钮，在第1秒的位置设置关键帧，参数为100%；在第5秒的位置修改该参数为0%，记录关键帧，如图6-46所示。

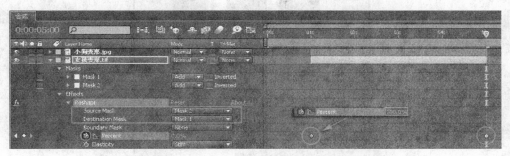

图6-46　为"女孩变形"层添加Reshape特效

步骤⑮ 按【T】键，设置"女孩变形"层的不透明度，第1秒的位置参数为0%，设置关键帧；第5秒的位置参数为100%，记录关键帧，如图6-47所示。

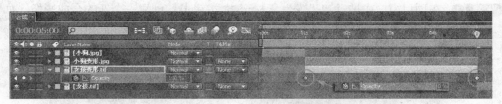

图6-47　设置"女孩变形"层不透明度

步骤⑯ 至此，Reshape变形动画制作完成，单击【Preview】窗口中的◎按钮，查看效果，部分截图如图6-48所示。

步骤⑰ 选择【File】/【Save】命令，将文件保存为"Reshape变形动画.aep"。

图6-48　动画截图

6.6 实例：轨道遮罩的使用

本例主要使用轨道遮罩制作恐龙喷火的动画，先将素材导入，新建一个合成影像，设置参数后查看效果。

操作步骤

步骤 ① 双击 AE 图标，启动AE CS4应用程序。

步骤 ② 在项目窗口中的空白处双击，在弹出的【Import File】对话框中选择"恐龙.jpg"文件，将其导入AE，如图6-49所示。

图6-49 导入文件

步骤 ③ 在项目窗口中拖动"恐龙"素材至 按钮上，创建一个新的合成影像，如图6-50所示。

图6-50 新建合成影像

步骤 ④ 在项目窗口中再次双击空白处，在弹出的【Import File】对话框中选择如图6-51所示的素材文件导入到AE中。

步骤 ⑤ 将导入的素材拖入时间线窗口中，设置参数，如图6-52所示。

图6-51 导入素材

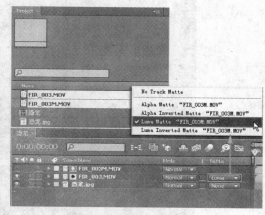

图6-52 设置参数

步骤 ⑥ 在时间线窗口中分别选中这两个视频素材，按【P】键打开其【Position】属性框，再按住【Shift】键按【S】键，打开其【Scale】属性框，设置参数，如图6-53所示。

步骤 ⑦ 至此，轨道遮罩动画制作完成，单击【Preview】窗口中的 按钮，查看效果，截图效果如图6-54所示。

图6-53 设置参数

图6-54 动画截图

步骤 ⑧ 选择【File】/【Save】命令，将文件保存为"恐龙喷火.aep"。

课后练习

运用所学的遮罩知识，更换图片头部影像。

操 作 步 骤

步骤 ❶ 启动AE CS4应用程序，然后将"猩猩.jpg"文件导入AE中，在项目窗口中将其拖动到 ▣ 按钮上，创建一个与素材匹配的合成影像，如图6-55所示。

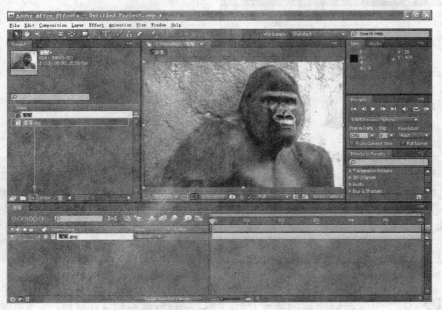

图6-55　导入素材

步骤 ❷ 用同样的方法，在项目窗口中双击，将随书配套资料中找到"素材"/"第6课"/"girl.jpg"文件导入AE中，将其拖动至时间线窗口中，按【P】键打开其【Position】属性框，设置为（363，145），再按住【Shift】键同时按【S】键，打开其【Scale】属性框，设置参数为65%，如图6-56所示。

图6-56　设置参数

步骤 3 确认选中"girl"层，在合成影像窗口中用 钢笔工具绘制遮罩，如图6-57所示。

步骤 4 按【Ctrl+K】键打开【Composition Settings】对话框，设置参数，如图6-58所示。

图6-57 绘制遮罩

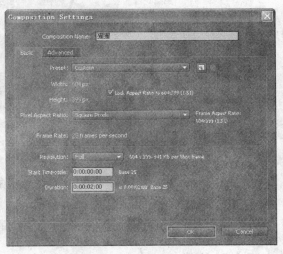

图6-58 设置参数

提示 此处也可以选择【Composition】/【Composition Settings】命令，打开【Composition Settings】对话框。

步骤 5 在时间线窗口中选中"girl"层，设置其【Mask Feather】项参数为38，确认时间指针在第0帧的位置，单击【Mask Opacity】项前的 按钮，再将参数设为0，设置关键帧，然后将时间指针移至第1秒的位置，设置【Mask Opacity】项为100，如图6-59所示。

图6-59 设置关键帧

步骤 6 至此，改头换面的动画制作完成，单击【空格】键查看效果，截图如图6-60所示。

步骤 7 选择【File】/【Save】命令，将文件保存为"改头换面.aep"。

图6-60 动画截图

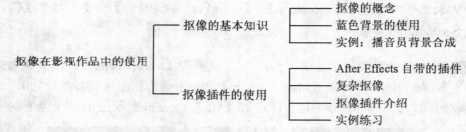

第7课

抠像在影视作品中的使用

在现在的影视作品中经常可以看到特效的使用，比如男、女主角在空中飞翔、与怪物战斗等，这些精彩刺激的镜头大多是演员在摄影棚中的蓝色或绿色背景下拍摄完成的，然后再将拍摄的素材放在后期软件中进行特殊效果的处理，而要实现这一类特殊效果的其中一项很重要的技术就是抠像技术。

本课要掌握的内容就是 **AE CS4** 中抠像的相关知识。

本课知识结构：

```
                                    ┌── 抠像的概念
                   ┌── 抠像的基本知识 ──┼── 蓝色背景的使用
                   │                  └── 实例：播音员背景合成
抠像在影视作品中的使用 ┤
                   │                  ┌── After Effects 自带的插件
                   └── 抠像插件的使用 ──┼── 复杂抠像
                                      ├── 抠像插件介绍
                                      └── 实例练习
```

就业达标要求：

1：了解抠像的含义。

2：掌握抠像插件的使用方法。

3：通过实例熟练运用抠像技术。

7.1 蓝色背景的使用

抠像（Keying）是一种分割屏幕的特技。分割屏幕的分界线多为规则图状，如文字、符号、复杂的图形或某种自然景物等。如今许多电影、电视作品中的影像都不必在高成本的舞台和摄影棚里完成，而可以在蓝屏或绿屏录影中完成，如果要删除背景就使用特殊的抠像软件，再用需要的背景来进行替换，如图7-1所示。

7.1.1 抠像基础知识

说到抠像技术，就会自然想到"蓝屏处理"技术，这个技术是当今用于电影和视频行业最普及的特殊效果之一。为了建立特效，电影摄影技师先在蓝色屏幕前进行拍摄，这里的蓝色屏幕常常称为"蓝色背景"，然后使用所拍摄的镜头，根据蓝幕的色调和密度差别建立一个中间遮片，利用这个遮片最后把拍摄的素材合成在背景场景上，如图7-2所示。

图7-1　抠像的技术在影视中的运用（1）　　　　　　　图7-2　拍摄过程

蓝屏技术能将人或者物体自由地附加到一个背景里，比如电影中的真实背景或者是新闻广播的背景。

通常先在一个照明充足的蓝色墙体前采集演员们的影像，然后演员的影像将再次被"释放"，即可视与不可视的范围将被界定出来。这个过程称为"抠像"。通过抠像，先前被释放的演员影像就能够与任意的背景图片或者影片结为一体。

另外一种绿屏技术也是按照同一种原理运作，在这种技术中使用绿屏取代了蓝屏。关于究竟哪种颜色能获得更好的效果，每个人都有不同的观点，所以在电影制作行业中，两种颜色的背景都同时被使用着。而选择蓝色和绿色作为背景的原因是因为人类的肤色能够很好地从这两种颜色中分离出来。使用这一技术制作的效果如图7-3所示。

电视中的天气预报节目就是一个很好的例子。气象员站在一个蓝色或者绿色的屏幕前播报天气，随后，动画的气象图片将会作为背景被添加到影像中来。蓝屏录影更多用于高成本和高危险性的电影特技场面中，而现在几乎没有哪一部高成本电影能够不需要使用蓝屏或绿屏技术，如图7-4所示。

图7-3　抠像的技术在影视中的运用（2）　　　　　　图7-4　抠像的技术在影视中的运用（3）

由于专业的蓝屏录影也有一些因素要充分考虑到，比如，对灯光照明的把握要远远难于想象。照明应该完全均匀，但是也应该注意不能过度照明。蓝屏录影的最终目的是让观众感觉此时此刻眼前的影像都是真实的。录影过程如图7-5所示。

几乎每一个电影剪辑软件中都包括抠像功能，人们只要选择背景色就大功告成了。但事实上，大多数情况又不是这么简单，影片的效果往往还取决于一些微调技术。为了达到一个整洁和统一的影片效果，专业的软件往往还会提供许多用于细节调整的工具。

7.1.2 抠像工具

在AE中抠像分为三种：二元抠像、线性抠像、高级颜色抠像。

（1）二元抠像：能产生透明与不透明的效果，适合具有锐利边缘的影像。素材背景无亮度变化，具有统一的颜色。Color Key和Luma Key属于二元抠像。

（2）线性抠像：适合大部分的抠像操作，但不适合透明或半透明效果，如玻璃、烟雾等。Linear Color、Difference Matte等方式属于线性抠像。

（3）高级颜色抠像：适合复杂的抠像操作。对于透明或半透明的物体以及背景亮度不均匀、有阴影的素材能实现很好的效果，Color Difference Key、Color Range属于高级颜色抠像。

早在AE的5.0版本中，软件内置的抠像工具就达9种之多，这一类效果被放在了【Effect】/【Keying】菜单下。在AE CS4版本中有如图7-6所示的几种自带抠像工具。

图7-5 抠像的技术在影视中的运用（4）

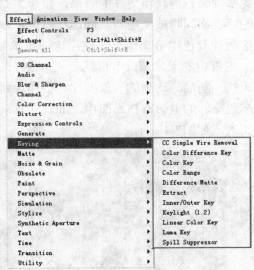

图7-6 抠像工具

下面主要介绍Color Key和Luma Key两种特效。

1. Color Key（颜色抠像）中通过指定一种抠像色彩来进行抠像操作，该效果可以区别出所有与指定颜色相近的像素，对于单一的背景颜色，可使用此效果。其参数面板如图7-7所示。

选择【Key Color】（抠像颜色）单选钮，该颜色区域会变为透明。【Color Tolerance】项控制颜色的容差值；【Edge Thin】项控制透明区域边缘的缩放；【Edge Feather】项将控制的边缘进行羽化，用于消除"毛边"。

2. Luma Key（亮度抠像）通过指定影像上的亮度或对比度来抠除该层影像上所有区域的指定色彩信息，但不会影响这一层影像的影像质量，其参数面板如图7-8所示。

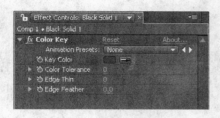

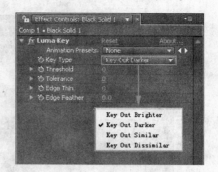

图7-7　Color Key（颜色抠像）面板　　　　图7-8　Luma Key（亮度抠像）面板

【Key Type】（抠像类型）有四个选择项，其意义有所不同。

Key Out Brighter：抠像的值大于阈值，把较亮的部分变为透明。

Key Out Darker：抠像的值小于阈值，把较暗的部分变为透明。

Key Out Similar：适用于阈值附近的亮度。

Key Out Dissimilar：用于阈值范围之外的亮度。

7.2　实例：播音员背景的合成

本例主要学习运用【Color Key】特效制作播音员背景，先将需要的素材导入AE CS4中，然后新建一个合成影像，为素材添加特效，查看效果。

操作步骤

步骤① 双击 AE 图标，启动AE CS4应用程序。

步骤② 在项目窗口中的空白处双击，在弹出的【Import File】对话框中选择"背景.jpg"和"播音员.avi"文件，将其导入AE，如图7-9所示。

图7-9　导入素材

步骤 3 在时间线窗口中选择"背景"素材，将其拖动至 ▣ 按钮上，新建一个合成影像，如图7-10所示。

图7-10　新建合成影像

步骤 4 再将"背景"拖至时间线窗口中，单击其空白处，确认没有选择任何素材，按【Ctrl+K】键，打开【Composition Settings】对话框，设置参数，如图7-11所示。

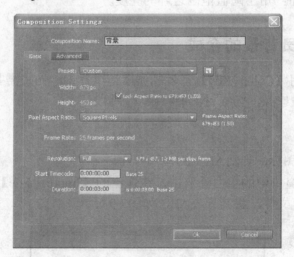

图7-11　【Composition Settings】对话框

步骤 5 将"播音员"文件拖至时间线窗口中，使其位置在"背景"上方，如图7-12所示。

步骤 6 选择【Effect】/【Keying】/【Color Key】命令，为"播音员"添加一个【Color Key】（抠像颜色）特效，单击【Key Color】项右侧的 ▣ 按钮，在合成窗口中拾取键出色，参数设置如图7-13所示。

步骤 7 在图7-14中可以发现，添加【Color Key】特效后的素材，抠像得到的效果并不理想，还有蓝色的毛边，因此需要再为其添加一个【Spill Suppressor】（溢出控制器）命令，消除残留的抠像色彩。

图7-12 导入素材

图7-13 设置参数

图7-14 添加【Color Key】特效后的效果

步骤 ⑧ 选择【Effect】/【Keying】/【Spill Suppressor】命令，为"播音员"添加一个【Spill Suppressor】特效，消除残留的抠像色彩，设置【Suppression】项为100，如图7-15所示。

图7-15　设置参数

步骤 ⑨ 至此，播音员背景合成完毕，单击【Preview】窗口中的 ▶ 按钮，查看效果，部分截图如图7-16所示。

图7-16　部分截图

步骤 ⑩ 选择【File】/【Save】命令，将文件保存为"播音员背景合成.aep"。

7.3　复杂抠像

抠像又叫做键出，实拍的素材是不带Alpha通道的，为了能使其与别的素材完美结合，需要进行"键出"操作。

"抠"与"填"是键出技术的实质所在。正常情况下，被抠的影像是背景影像；填入的影像为前景影像。用来抠去影像的电信号称为键信号，形成这一信号的信号源为键源。一般来说，键控技术包括自键、外键和色键三种。

（1）自键又叫内键，是以参与抠像特技的其中一种信号作为键信号来分割影像的特技，也就是说键源与前景影像是同一个影像。它要求键源影像每点的亮度必须比较均匀而且比较高，一般用于文字、图形的叠加。如在电视上看到的字幕、台标等。作为键源的信号只有高低两种电平，经非相加混合电路后，在键源信号为高电平时输出键源信号本身，为低电平时输出背景影像。

（2）外键，与内键相对而言，其键信号由第三路键源影像提供，而不是参与键控特技的前景或背景影像。自键与外键是利用键源影像中的亮度信号成分来形成键信号的，所以又称为亮度键。

（3）色键是利用参与抠像特技的两路彩色信号中的前景影像的色度分量来形成健信号的。色键在电视节目制作中被广泛应用，如天气预报以及一些电视剧中常使用色键特技。可以将许多外景预先拍摄下来，在需要时用它们提供背景信号，人在演播室中就能如同身临其境一样在多种外景下进行各种表演，还可以使人在天上飞、云中走，给观众创造更好的艺术效果。

下面介绍几种常用的抠像工具。

1. Color Difference Key（颜色差异抠像）

可根据影像上的颜色差异来进行抠像操作。Color Difference Key和其他线性去背景的方法的工作原理不一致，它更类似于传统的光学去背景。其原理是将选定的图层分为"遮罩A（Matte Partial A）"和"遮罩B（Matte Partial B）"两个灰度影像：遮光部分B是键控色区域，表示在像素中找到的基色的数量；遮光部分A是键控色之外的遮罩区域，依赖于与基色大不相同的颜色，最终的遮光是两者的组合，称为Alpha遮罩。其参数面板如图7-17所示。

图7-18中所示的 ✐ 按钮，用于选择抠像色；✐ 按钮，用于在预览视图中选择透明区域后，透明该区域；✐ 按钮，可以在预览视图中选择不透明区域后不透明该区域。

图7-17　Color Difference Key（颜色差异抠像）面板

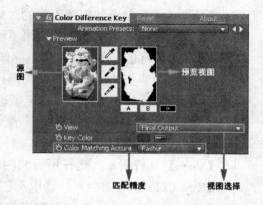

图7-18　面板中的组成部分

利用Color Difference Key（颜色差异抠像）可以生成更高质量的去背景效果，也可将它用在更难实现的去背景效果上，如含有类似烟雾和阴影的事物。

2. Color Range（颜色范围抠像）

它是通过在RGB、Lab或YUV任意色彩模式下指定一种颜色范围来产生透明度的抠像工具。适合有多个背景颜色或亮度不均匀或背景有阴影区域的蓝绿背景素材的抠像操作。其参数面板如图7-19所示。

Color Range（颜色范围抠像）使用与Photoshop中的色彩范围一样的方法来调节颜色。当背景中含有基色的多种变化元素时，它产生的效果最佳。这种方法不如Color Difference Key（颜色差异抠像）那样精确。

【Fuzziness】（模糊）：对蒙版的平衡进行微调。

【Color Space】（色彩空间）：指定去背景作用的色彩范围，有Lab、YUV 、RGB三种选择。

Max/Min（最大/最小）设置其值用来扩展和堵住遮光。

3. Spill Suppressor（溢出控制器）

可以用它清除一个已经完成抠像的主体上残留的背景色彩。常用于清除掉影像边缘残留的抠像色彩，针对的对象是通过灯光反射到对象身上的背景色彩。其参数面板如图7-20所示。

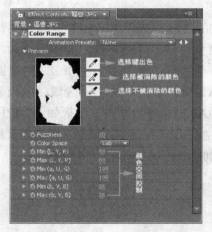

图7-19　Color Range（颜色范围抠像）面板　　图7-20　Spill Suppressor（溢出控制器）面板

背景颜色的反射会使抠像影像的边缘有背景色溢出，可以用Spill Suppressor（溢出控制器）消除影像边缘的溢出色，若效果不明显可以进行参数调整。

4. Linear Color Key（线性颜色抠像）

通过指定色彩上的RGB、色调或饱和度信息来建立透明度。可以将影像中每一个像素与指定的基色进行比较来处理。对不含半透明物体（如头发或烟雾等）的纯色区域的调整具有很好的效果。其参数面板如图7-21所示。

【Preview】（预览）：查看源文件，也可用其中的吸管指定基本色。

【View】（查看）：选择所显的内容，可以是最终的输出结果、源文件等。

【Key Color】（键色）：选取基色。

【Matching Tolerance】（匹配容差）项和【Matching Softness】（匹配柔和度）项可以微调遮光，可使用这两个设置来进行相互平衡。

5. Extract（提取）

通过指定影像上的一个亮度区域来建立透明度，它基于一个指定通道的柱状图来工作。

Extract（提取）不如Color Range和Difference Matte那样灵敏。

其参数面板如图7-22所示。

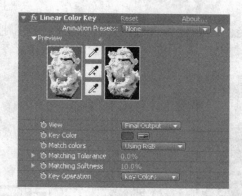
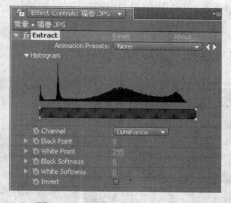

图7-21　Linear Color Key（线性颜色抠像）面板　　　　图7-22　Extract（提取）面板

Extract（提取）适合黑色或白色背景拍摄的素材，或是背景与前景亮度反差较大的素材。

【Histogram】（柱状图）显示像素在所选通道中的位置。可通过下方的多个滑块控件或通过调节灰度条进行调节。

【Channel】（通道）指定用来提取遮光的通道。

7.4　使用插件抠像

可以与AE配合使用的外挂插件有很多，比如Ultimatte公司出品的Ultimatte插件，它是应用于视频处理软件的典型蓝幕和绿幕影像合成的插件，该插件具备特有的保持前景场景上所有细节的能力。使用与该公司相同名称的Ultimatte专利算法可以生成无缝合成的影像。该抠像合成插件目前也广泛用于电视和电影行业中。

还有Zbig，它是德国CFB中心推出的老牌抠像系统。这个抠像工具由于其对色彩主体的色彩还原，特别是人物皮肤的微妙光泽表现出色，所以被很多主流的合成系统所推崇。

7.4.1　抠像常用插件

初级用户最常使用的插件是zMatte和Primatte Keyer，Primatte Keyer是Adobe AE的"抠像"插件，简单易用，可以从任一色彩背景中选取键，生成需要的掩蔽效果。下面将对此插件进行具体介绍。

安装好插件后选择菜单栏中的【Effect】/【Primatte】/【Primatte Key Pro 4.0】命令，此插件参数面板如图7-23所示。

抠像工具选择区包括：、、、四个工具。

：用于选择需要键出的颜色，也可以在其下方的【Base Color】项中设置。

：选择键出色后，会形成一个Matte视图，该视图中可能会残留一些噪点没有抠除干净，可以用此工具进行处理。

（去除前景噪点）：Matte视图中的白色区域是不透明区域，该区域可能会残留一些黑色噪点，可以用此工具进行处理。

（精细调整）：可以对Matte区域的溢出色、透明度等进行调整，也可以手动调整滑竿进行设置，如图7-24所示。

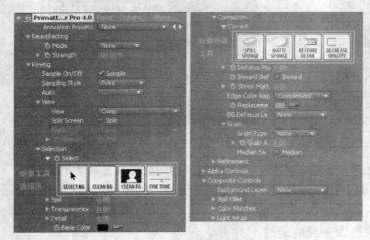

图7-23 【Primatte Keyer】面板

图7-24 精细调整

抠像修改工具包括： （溢出色海棉）、 （Matte海棉）、 （前景透明）、 （保留细节）四种工具。

（溢出色海棉）：如果素材边缘出现由背景反射出的颜色，即溢出色，使用该工具可以吸收前景溢出的颜色，效果对比如图7-25所示。

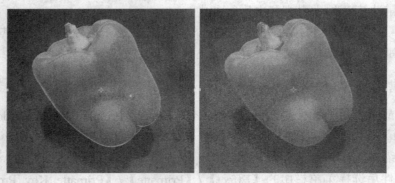

图7-25 溢出色海棉

（Matte海棉）：运用该工具在Matte视图中的黑色区域中拖动鼠标可以使该区域变为白色，即能够使透明区变为不透明区。

（前景透明）：与 （Matte海棉）作用相反，能够使不透明区变为透明区。

（保留细节）：在抠像的过程中，当前景中有烟雾、头发等细节时，往往会将这些细节损失掉，此时可以运用此工具进行调整。

7.4.2 抠像操作要点

通过前面的学习，用户可以发现抠像是个非常细致的工作，需要进行反复的调整，有时影像不断变化还需要为其设置关键帧，如果要得到较高质量的抠像，还应注意以下几点：

（1）拍摄素材时采用纯正的蓝屏或绿屏。

（2）前期打光注意不要留有灯光死角，亮度要均匀。

（3）拍摄时，人物或道具与蓝屏或绿屏保持一定距离，尽量不让蓝屏或绿屏反射的光打到前景的人物或道具上。

（4）人物着装或道具的颜色要避免与蓝屏或绿屏色调相近。

（5）拍摄完成后不要压缩素材，最好用无压缩的tif或tga序列帧进行抠像操作。

7.5 实例：吊钢丝拍摄的背景处理

本例主要学习运用【Color Difference Key】特效进行吊钢丝拍摄片段的背景处理。先将素材文件导入AE，新建合成影像，然后为其添加【Color Difference Key】特效，再添加【Spill Suppressor】特效，最后查看效果。

操 作 步 骤

步骤 ① 双击 AE 图标，启动AE CS4应用程序。

步骤 ② 在项目窗口中空白处双击，打开【Import File】对话框，选择"烟.mov"和"云.mov"文件导入AE，如图7-26所示。

步骤 ③ 再次双击项目窗口中的空白处，打开【Import File】对话框，选择"girl"文件序列导入当前项目窗口中，如图7-27所示。

图7-26 导入文件

图7-27 导入文件序列

步骤 ④ 在项目窗口中将"girl"文件序列拖至 按钮上，新建一个合成影像，如图7-28所示。

图7-28　新建合成影像

步骤 ⑤ 单击菜单栏上的【Composition】/【Composition Settings】命令，将合成影像重命名为"背景合成处理"，如图7-29所示。

步骤 ⑥ 在时间线窗口中选中"girl"层，选择【Effect】/【Keying】/【Color Difference Key】命令，为其添加一个色差键特效，并设置参数，如图7-30所示。

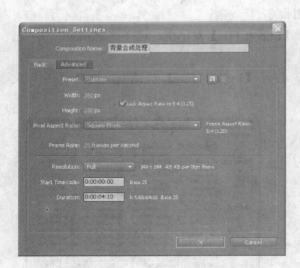

图7-29　重命名

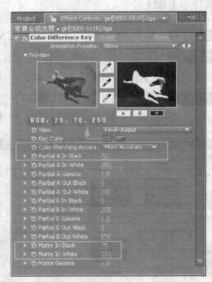

图7-30　设置特效的参数

步骤 ⑦ 为了更方便查看效果，选择菜单栏中的【Composition】/【Background Color】命令，设置背景色为白色，则添加特效后的效果如图7-31所示。

步骤 ⑧ 可以发现人物边缘有毛边。选择【Effect】/【Keying】/【Spill Suppressor】（溢出控制器）命令，再选择溢出色【Key Color】中的颜色，如图7-32所示。

步骤 ⑨ 在项目窗口中将"烟.mov"和"云.mov"文件拖至时间线窗口中，调整其位置，并设置"烟.mov"文件叠加方式为【Lighten】，如图7-33所示。

图7-31 添加【Color Difference Key】后的效果

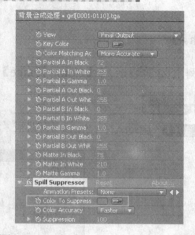

图7-32 添加【Spill Suppressor】特效

图7-33 设置图层

步骤 ⑩ 至此，吊钢丝拍摄片段的背景处理完成，单击【Preview】窗口中的 按钮，查看效果，部分截图如图7-34所示。

步骤 ⑪ 选择【File】/【Save】命令，将文件保存为"吊钢丝拍摄的背景处理.aep"。

图7-34 部分截图

课后练习

本例主要学习运用【Color Range】（颜色范围抠像）特效制作天气播报。

操作步骤

步骤 ① 启动AE CS4应用程序。将素材导入AE中，如图7-35所示。

图7-35　导入素材

步骤 ② 将"天气播报"视频拖至 █ 按钮上，新建一个合成影像，再将"地球"素材由项目窗口拖至时间线窗口中，其位置如图7-36所示。

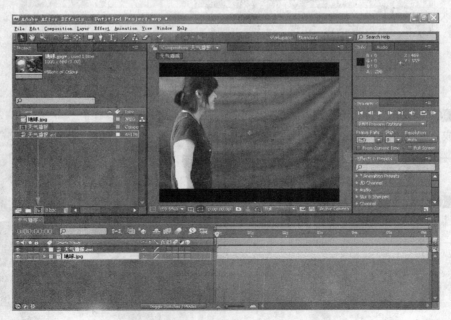

图7-36　新建合成影像

步骤 ③ 在时间线窗口中选中"天气播报"层，在菜单栏中选择【Effect】/【Keying】/【Color Range】命令，为其添加一个颜色范围抠像特效，单击 ✐ 按钮，在合成窗口中拾取键出色，如图7-37所示。

图7-37 添加【Color Range】（颜色范围抠像）特效

步骤 ④ 再单击 ✐ 按钮，在合成影像窗口中选择被消除的颜色，如图7-38所示。

图7-38 选择被消除的颜色

步骤 ⑤ 根据效果单击 ✐ 按钮，在合成影像窗口中多次选择需要被消除的颜色，效果如图7-39所示。

图7-39 多次选择要消除的颜色

步骤 ⑥ 至此，天气播报的效果制作完成，查看效果，部分截图如图7-40所示。

图7-40 动画截图

步骤 ⑦ 选择【File】/【Save】命令，将文件保存为"天气播报.aep"。

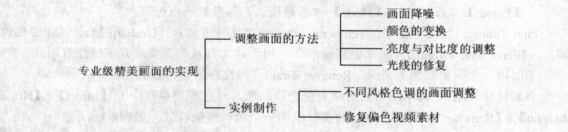

第8课

专业级精美画面的实现

在前期拍摄素材的过程中因自然环境与光线的问题，或者拍摄设备的影响，会使拍摄得到的影像与真实的物品在颜色等方面产生偏差，这就需要对影像进行还原处理，使其恢复本来面目。

本课主要介绍AE CS4中的各种调色处理的方法，用户运用好这些工具，可以将影像修饰得更加精美。

本课知识结构：

专业级精美画面的实现
- 调整画面的方法
  - 画面降噪
  - 颜色的变换
  - 亮度与对比度的调整
  - 光线的修复
- 实例制作
  - 不同风格色调的画面调整
  - 修复偏色视频素材

就业达标要求：

1：掌握实现精美画面的方法。

2：掌握颜色、亮度、对比度的相关知识。

3：熟练掌握实例的制作方法。

8.1 画面的降噪

降噪是消除数字噪声的意思，有些数字照片拍摄时由于种种原因出现的污点称为数字噪声。降噪的软件有很多，例如Photoshop、Neat Image Pro等。

Neat Image Pro是一款功能强大的专业图片降噪软件，适合处理1600像素×1200像素以下的影像，非常适合处理曝光不足而产生大量噪波的数码照片，能够尽可能地减小外界对相片的干扰。输出影像可以保存为TIF、JPEG或者BMP格式。

除了以上介绍的几个主流降噪工具外，作为独立软件使用的Noise Ninja、作为Photoshop插件使用的Dfine2.0、Noiseware Professional、Kodak Digital GEM Professional也是不错的降噪软件，进行降噪处理后的影像对比效果如图8-1所示。

降噪的关键在于对影像的分析，准确定位取样点。在AE中最常用的自带工具是Remove Grain（颗粒移除），其界面如图8-2所示。

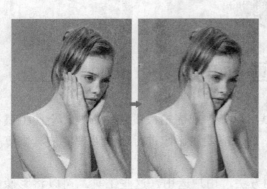

图8-1　降噪处理前后的影像对比

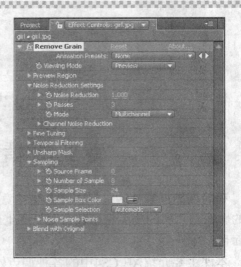

图8-2　特效界面

Preview Region（预览范围）：可以调整中心位置、显示框的高度、宽度和颜色。

Noise Reduction Settings（噪波减少设置）：通过设置【Noise Reduction】（噪波减少）、【Passes】（路径）、【Mode】（通道模式）等参数进行控制。

Fine Tuning（精细调整）、**Temporal Filtering**（临时过滤）、**Unsharp Mask**（非锐化遮罩）、**Blend with Original**（与原始影像混合）用于较为细致的调整，并不被经常用到。

下面用一个简单的例子来说明Remove Grain（颗粒移除）特效的用法。

将素材导入AE CS4中，然后新建一个合成影像，再选择菜单栏中的【Effect】/【Noise &Grain】/【Remove Grain】命令，为素材添加一个颗粒移除特效，如图8-3所示。

图8-3　添加特效

在特效面板中设置【Viewing Mode】项为【Noise Samples】（噪点检测），展开【Sampling】（取样）选项，设置参数，如图8-4所示。

根据合成影像窗口图片的情况设置取样点，通常情况下是根据影像上的噪点分布情况，使用对应数字后面的■■按钮，直接在影像上点取，所以此数值非绝值，用户可以在其他位置取样，如图8-5所示。

　　图8-5中的白色小框为制作的取样点，此时即完成取样操作，然后设置【Viewing Mode】查看模式为【Final Output】（最终输出），并设置参数，如图8-6所示。

　　然后再为素材添加一个【Brightness&Contrast】（亮度&对比度）特效，将【Brightness】设置为30，【Contrast】设置为15，效果如图8-7所示。

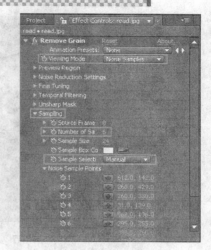

图8-4　设置参数

图8-5　设置取样点

图8-6　设置参数

　　在对影像进行调整时，一定要先分析好影像，在没有进行影像分析前无论使用什么效果都不会获得好的效果。

图8-7　添加特效后的效果

8.2　颜色的变换

　　三原色是颜色变换和校正的基础，只有掌握好原理才能制作出精美的图，而颜色变换的重点在于对影像的正确分析。

　　三基色原理是白光通过棱镜后被分解成多种颜色逐渐过渡的色谱，颜色依次为红、橙、黄、绿、青、蓝、紫，这就是可见光谱。

　　红色+绿色=黄色；绿色+蓝色=青色；红色+蓝色=品红；红色+绿色+蓝色=白色；黄色、青色、品红都是由两种基色相混合而成，所以它们又称相加二次色。

　　另外：红色+青色=白色；绿色+品红=白色；蓝色+黄色=白色。所以青色、黄色、品红分别又是红色、蓝色、绿色的补色。由于每个人的眼睛对于相同单色的感受有所不同，所以，如果用相同强度的三基色混合时，假设得到白光的强度为100%，这时候人的主观感受是，绿光最亮，红光次之，蓝光最弱。

　　除了相加混色法之外还有相减混色法。在白光照射下，青色颜料能吸收红色而反射青色，黄色颜料吸收蓝色而反射黄色，品红颜料吸收绿色而反射品红。也就是：白色-红色=青色；白色-绿色=品红；白色-蓝色=黄色；另外如果把青色和黄色两种颜料混合，在白光照射下，由于颜料吸收了红色和蓝色，则反射了绿色。

　　了解了颜色的原理，在影像处理中就不会茫然，并且在调整颜色时也可以更快，更准确。

　　在AE　CS4中常用来进行颜色变换的是【Hue/Saturation】（色相/饱和度）特效，下面用一个简单的例子来说明Hue/Saturation（色相/饱和度）特效的用法，原图效果如图8-8所示。

　　将素材导入AE　CS4中，然后新建一个合成影像，再选择菜单栏中的【Effect】/【Color Correction】/【Hue/Saturation】命令，为素材添加一个色相/饱和度特效，设置参数，效果如图8-9所示。

图8-8　原图效果

图8-9 添加特效后的效果

这时可以看到"蝴蝶"图片上还有杂色，在时间线窗口中按【Ctrl+D】键将其复制一个，按【F3】键打开其特效窗口，按【Reset】键将特效参数还原，如图8-10所示。

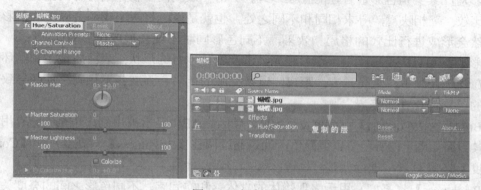

图8-10 复制图层

在效果面板中设置【Master Hue】（全局色相）为270度，然后在时间线窗口中将复制层的模式改为【Darken】模式，效果如图8-11所示。

图8-11 设置参数

【Hue/Saturation】（色相/饱和度）特效能够调节影像的色相和饱和度，可以分通道调整，也可以全局调整。

Master Lightness可以控制各通道颜色的亮度；Colorize（彩色化）可以对影像增加颜色；Colorize Hue（彩色色相），可以控制彩色化后的色相；Colorize Saturation（彩色化饱和度）可以控制彩色化后的饱和度。

8.3　亮度与对比度的调整

亮度就是各种颜色的图形原色（如RGB影像的原色为R、G、B三种或各原色的色相）的明暗度，亮度调整也就是明暗度的调整。亮度范围从0到255，共分为256个等级。而我们通常讲的灰度影像，就是在纯白色和纯黑色之间划分了256个级别的亮度，也就是从白到灰，再转黑。同理，在RGB模式中则代表各原色的明暗度，即红、绿、蓝三原色的明暗度，从浅到深。

色彩对比其实是色彩最普遍的存在形式。"对"表明两个物体同时并列出现；"比"就是互相比较、互相映衬，寻求相同和不同之处。也就是说，将两个或两个以上的色彩放在一起，自然会形成进行比较的格局和效果，不同色彩同时出现会形成色彩对比。

色彩的空间对比是指：由于色彩和光，以及物体本身的形状、表面质地、周围环境等的影响，在同一光源下，受光角度、距离，以及光源的色彩和强度各不相同，从而导致物体各个部分的色彩都存在着差异。

【Brightness&Contrast】（亮度&对比度）特效在AE中经常被用到，也是十分有用的一个特效，其界面如图8-12所示，也很简单，就是通过调整【Brightness】（亮度）和【Contrast】（对比度）参数对素材进行调整。

【Brightness】（亮度）用于表现物体的立体感和空间感。不同色彩之间的亮度关系决定了整个影像的结构，并且可以不依赖于其他色彩特性而单独存在，任何有色彩的影像都可以转换成一般的明度关系。

为素材添加【Brightness&Contrast】（亮度&对比度）后，设置【Brightness】（亮度）参数为40，设置前后对比效果如图8-13所示。

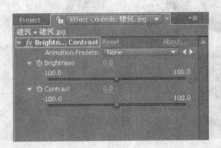

图8-12　特效界面　　　　　　　图8-13　调整亮度前后的对比效果

再将【Contrast】（对比度）参数调整至20，效果如图8-14所示。

图8-14 调整对比度的效果

色彩的明暗度总是和光有直接的关系。光线照射下，立体形态的不同面因为受光角度以及和光源远近的关系，明暗差别明显，所以人们通过物体的明暗面，可以感知物体的体积。

任何色彩都是在对比下出现的。色彩的对比可以在不同的方面体现，单一一种对比的情况很少出现。

8.4 光线的修复

根据光源的方向，光线可以分为顺光、逆光、侧光、顶光、俯射光、平射光及仰射光等等。

顺光：即摄影机与光源在同一方向上，正对着被摄主体。它使朝向摄像机镜头的面容易得到足够的光线，可以使拍摄物体更加清晰。

侧光：侧光的光源是在摄像机与被摄主体形成的直线的侧面，从侧方向照射被摄主体上的光线。此时被摄主体正面一半受光线的照射，影子修长，投影明显，立体感很强，对建筑物的雄伟高大很有表现力。

顶光、俯射光、平射光及仰射光：顶光通常是要描出人或物上半部的轮廓，和背景隔离开来。但光线从上方照射在主体的顶部，会使景物平面化，缺乏层次，色彩还原效果也较差，这种光线很少运用。俯射光是这四种光中使用最多的一种。一般的摄像照明在处理主光时，通常是把光源安排在稍微高于主体，和地面成30度～45度的位置。这样的光线，不但可以使主体正面得到足够的光源，也有立体感。

逆光：是指镜头对着光源拍摄。在强烈的逆光下拍摄出来的影像，主体容易形成剪影状。主体发暗而其周围明亮，被摄主体的轮廓线条表现得尤为突出。逆光有助于突出物体的外部轮廓，逆光拍摄能将普普通通的物体变为极具视觉冲击力的艺术品。

在AE中处理光线最常用的自带特效是Levels（色阶），下面用一个简单的例子来说明Levels（色阶）特效的用法。

将素材导入AE CS4中，然后新建一个合成影像，再选择菜单栏中的【Effect】/【Color Correction】/【Levels】命令，为素材添加一个色阶特效，如图8-15所示。

图8-15　添加特效

在特效窗口中将【Gamma】值设置为1.5，图片素材就处理好了，效果如图8-16所示。

图8-16　设置特效参数后的效果

Levels（色阶）特效用于修改影像的亮度、暗部以及中间色调。可以将输入的颜色级别重新映象到输出颜色级别。Channel（通道）用于指定需要修改的影像通道；可以通过Histogram（柱状图）了解影像中的像素分布情况；Input Black/White（输入黑色/白色）控制输入的影像中黑色/白色的阈值；Gamma值控制Gamma值，Gamma值变大，影像变亮，否则变暗。Output Black/White（输出黑色/白色）控制输出的影像中黑色/白色的阈值。

8.5　实例：不同风格色调的画面调整

本例主要学习通过颜色的改变展现不同风格的影像。新建一个合成影像，导入素材，为素材添加一个Hue/Saturation（色相/饱和度）特效，然后调整参数，设置关键帧，制作动画。

操作步骤

步骤 ① 双击 AE 图标，启动AE CS4应用程序。

步骤 ② 按【Ctrl+N】键新建一个合成影像，命名为画面调整，如图8-17所示。

步骤 ③ 在项目窗口中空白处双击，在弹出的【Import File】对话框中选择"背景.jpg"文件，将其导入AE，如图8-18所示。

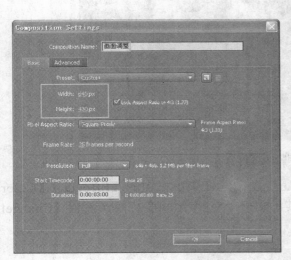

图8-17 新建合成影像　　　　　　图8-18 导入素材

步骤 ④ 将"背景"素材拖至时间线窗口中，在项目窗口中再次双击空白处，在【Import File】对话框中选择"car.tif"文件，将其导入AE，如图8-19所示。

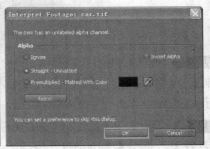

图8-19 再次导入素材

步骤 ⑤ 再将"car"文件拖至时间线窗口中，调整层的位置，如图8-20所示。

图8-20　调整图层位置

步骤 **6** 在时间线窗口中确认选中 "car" 层，选择菜单栏中的【Effect】/【Color Correction】/【Hue/Saturation】命令，为其添加一个色相/饱和度特效，设置【Channel Control】项为【Reds】，如图8-21所示。

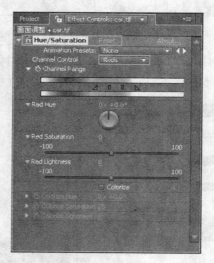

图8-21　添加特效

步骤 **7** 确认时间指针在第0帧的位置，单击【Channel Range】项前的 按钮，设置一个关键帧，再将时间指针调整至3秒的位置，设置【Red Hue】项为270，记录关键帧，如图8-22所示。

步骤 **8** 至此，不同风格色调的影像调整动画制作完成，单击【Preview】窗口中的 按钮，查看效果，部分截图如图8-23所示。

步骤 **9** 选择【File】/【Save】命令，将文件保存为 "不同风格色调的影像.aep"。

图8-22 记录关键帧

图8-23 动图截图

课后练习

修复偏色素材。先导入素材，然后新建一个合成影像，再为其添加特效，设置参数后查看效果。

操 作 步 骤

步骤 ① 启动AE CS4应用程序，在项目窗口中空白处双击，在弹出的【Import File】对话框中选择"帆船.tif"文件，将其导入AE，如图8-24所示。

步骤 ② 在项目窗口中拖动"帆船"素材至 ▣ 按钮上，创建一个新的合成影像，如图8-25所示。

图8-24　导入素材

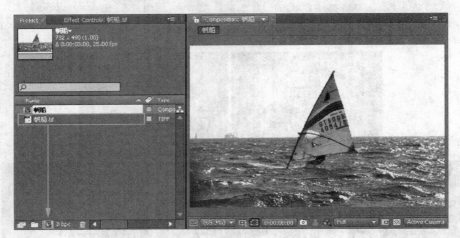

图8-25　新建合成影像

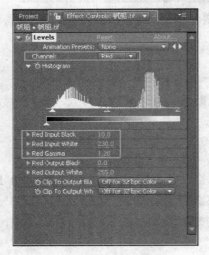

图8-26　添加特效

步骤 3　在时间线窗口中选中"帆船"层，在菜单栏中选择【Effect】/【Color Correction】/【Levels】命令，为其添加一个色阶特效，并设置参数，如图8-26所示。

步骤 4　如果需要为视频添加偏色效果，也可以用【Levels】（色阶）特效进行调整，但视频是运动的，在运动的过程中颜色的偏差可能会不同。可以对某些属性设置关键帧，设置参数后的"帆船"效果如图8-27所示。

图8-27　调整后的效果

步骤 5 至此，素材偏色修复完成，选择【File】/【Save】命令，将文件保存为"修复偏色素材.aep"。

第9课

绚丽的影视特效

　　了解AE CS4的基本工作流程后，还需要对AE最重要的部分，即对常用特效的运用做更深入的了解。本课主要通过对特效进行介绍然后结合实例制作，加强对AE CS4的认识和应用。

本课知识结构：

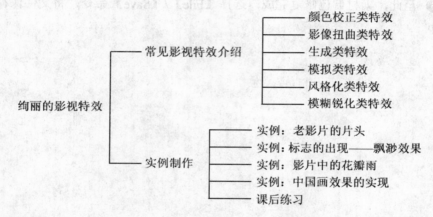

就业达标要求：

　　1：熟练掌握AE CS4中自带的特效。

　　2：结合实例掌握特效的用法。

9.1　常见的影视特效分析

　　AE是一款功能强大的影视后期合成软件，合成功能是其最突出的功能。所谓合成就是将声音、图片、文字动画、视频等多种素材混合成复合影像的处理过程。而在创作的过程中特效的大量使用，起到了非常重要的作用，也可以说AE的核心就是通过对素材添加特效来实现一系列的绚丽效果。

　　现在很多影视片中都会使用AE进行后期特效的制作，AE应用的范围也越来越广泛，如图9-1所示。

　　近几年随着制作技术的不断提高，影视节目及片头在形式和制作质量上都有了巨大的进步，如图9-2所示。

图9-1 影视特效

图9-2 影片截图

同样AE也在电视领域被广泛应用，不同的文化定位决定了不同。整体包装的色彩定位的不同。电视栏目的设计阶段就是一个整体包装创意的实现过程，色彩、声音、文字、影像等方面都需要运用特效进行合理处理，如图9-3所示。

AE CS4具有多种强大的特效，在AE CS4中选择菜单栏中的【Effect】项，可以看到其自带的特效种类，如图9-4所示。

图9-3 合成效果

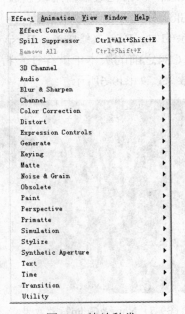

图9-4 特效种类

3D Channel：三维通道效果，该类效果可以提取影像中的附加通道信息，比如Z轴深度、表面法线、物体ID、背景色等。

Audio：音频效果，主要用于控制声音，如音质、混音、回声、声音调节等。

Blur&Sharpen：模糊与锐化，用来使影像模糊和锐化。模糊效果是最常应用的效果之一，也是一种简便易行的改变影像视觉效果的方法。

Channel：通道，用来控制、抽取、插入和转换一个影像的通道。包括**Alpha Level**（Alpha色阶）、**Arithmetic**（运算）、**Blend**（混合）、**Invert**（反相）等效果。

Color Correction：颜色校正，用于修改颜色，包括**Levels**（色阶）、**Brightness&Contrast**（亮度&对比度）、**Curves**（曲张）等。

Distort：扭曲，主要用于对影像进行几何变形，创造出各种变形效果，常用的包括**Reshape**

（变形）、Warp（弯曲）等。

　　Expression Controls：表达式控制，表达式可以创建层属性或一个属性关键帧到另一层或另一个属性关键帧的联系。

　　Generate：生成类特效，可以在层上创建一些特殊的效果。还可以提供一些自然界中的模拟效果，如闪电、分形噪波等。

　　Keying：抠像特效，能为不规则的背景影像进行协调。

　　Matte：蒙版类特效。包括Matte Choker（蒙版清除）和Simple Choker（简单清除）。

　　Noise&Grain：杂色与噪波特效，在静态影像与影片合成时，可以根据需要为清晰的影像增加一些噪波，或者为一些带有划痕的影像进行噪波清除，如图9-5所示。

　　Obsolete：过时特效，在AE不断进化的过程中，有部分效果逐渐被弃用，对老用户来说，在操作上可能会有所不便，有此特效项可以帮助用户加快适应新版本。

　　Simulation：模拟类效果，主要用于模拟现实世界中物体间的相互作用，创建出反射、泡沫、雪花和爆炸等效果。

　　Stylize：风格化效果，用来模拟一些实际的绘画效果或为影像提供某种风格化效果。最常用的Glow称为"发光效果"。

　　剩余的如：Paint（绘画）、Perspective（透明）、Text（文字）、Transition（切换）等效果在AE CS4之前的版本中就存在。特效是AE的重要组成部分，使用它可以制作出各式各样的逼真效果，如图9-6所示。

图9-5　Noise&Grain特效效果

图9-6　逼真特效

9.2　实例：老影片的片头

　　本例主要通过使用插件【AgedFilm】，学习制作老电影的片头。先导入素材创建一个合成影像，再为其添加一个【Hue/Saturation】（色相/饱和度）特效，设置参数，然后再为其添加一个【AgedFilm】特效，再进行调整。

操作步骤

　　步骤❶　双击❶图标，启动AE CS4应用程序。

　　步骤❷　在项目窗口中的空白处双击，在弹出的【Import File】对话框中选择"片段.avi"文件，将其导入AE，如图9-7所示。

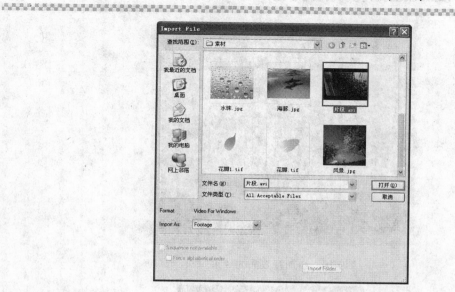

图9-7 导入素材

步骤 3 在项目窗口中拖动"片段"至 按钮上，创建一个新的合成影像，命名为"老电影"，如图9-8所示。

图9-8 创建合成影像

步骤 4 在时间线窗口中选中"片段"层，选择菜单栏中的【Effect】/【Color Correction】/【Hue/Saturation】（色相/饱和度）命令，为其添加一个特效，参数设置如图9-9所示。

步骤 5 为其添加【Hue/Saturation】（色相/饱和度）特效是为了让"片段"看起来略有黑白片的感觉，如图9-10所示。

步骤 6 选择菜单栏中的【Effect】/【Digi-Effects Aurorix2】/【AgedFilm2】（老电影）命令，再为"片段"添加一个特效，设置参数，如图9-11所示。

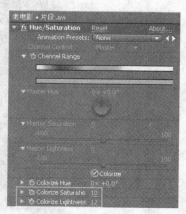

图9-9 添加特效并设置参数

图9-10　添加特效后的效果

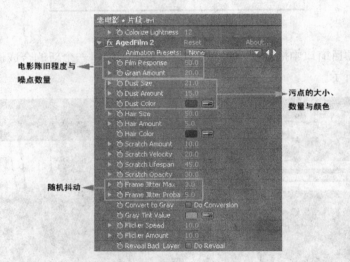

电影陈旧程度与
噪点数量

污点的大小、
数量与颜色

随机抖动

图9-11　设置参数

步骤 7 按【Ctrl+Y】键，新建一个固态层，如图9-12所示。

图9-12　新建固态层

步骤 8　在时间线窗口中选中"固态层"，单击工具栏中的██按钮，在合成影像窗口中绘制一个遮罩，设置其羽化值为80，如图9-13所示。

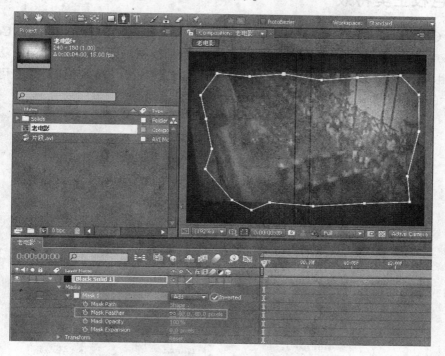

图9-13　绘制遮罩

步骤 9　至此，老电影的片头制作完成，单击【Preview】窗口中的██按钮，查看效果，部分截图如图9-14所示。

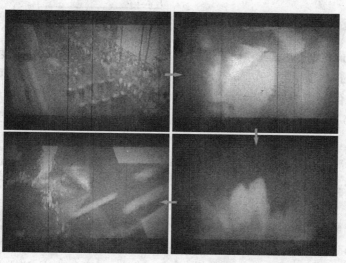

图9-14　截图效果

步骤 10　选择【File】/【Save】命令，将文件保存为"老电影的片头.aep"。

9.3　颜色校正类特效

Color Correction（颜色校正）特效是AE以前版本中Adjust（调整）和Image Control（影像控制）功能的组合，组合后的Color Correction（颜色校正）特效是AE CS4中功能最为强大的特效组，在AE CS4中选择菜单栏中的【Effect】/【Color Correction】命令可以找到如图9-15所示的各种校正类特效工具。

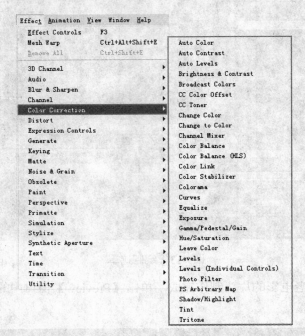

图9-15　Color Correction（颜色校正）特效

Brightness&Contrast（亮度&对比度）：用于调整图象的亮度和对比度，运用广泛。

Channel Mixer（通道混合）：可以用当前彩色通道的值来修改一个彩色通道。可以通过设置每个通道提供的百分比产生高质量的灰阶图。

Levels（色阶）：主要用于基本的影像质量调整，可以将输入的颜色范围重新映射到输出的颜色范围。

Curves（曲线）：用于调整图像的色调曲线，通过改变效果窗口的Curves曲线来改变图像的色调。与【Levels】相比，【Curves】的控制能力更强，如图9-16所示。

Color Balance（色彩平衡）：用于调整色彩平衡。通过调整层中包含的红、绿、蓝的颜色值，调整颜色平衡。Color Balance（HLS）主要是为了和以前的AE兼容。

Hue/Saturation（色相/饱和度）：用于调整影像中单个颜色分量的Hue（色相）、Saturation（饱和度）和Lightness（亮度），其应用的效果和Color Balance一样，但使用颜色相位调整轮来进行控制，如图9-17所示。

Change Color（转换色彩）：用于改变影像中的某种颜色区域（创建某种颜色遮罩）的色调饱和度和亮度。

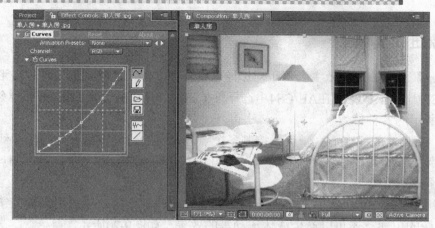

图9-16 Curves（曲张）特效

图9-17 Hue/Saturation（色相/饱和度）特效

Gamma/Pedestal/Gain（伽马/基色/增益）：用来调整每个RGB独立通道的还原曲线值，这样可以分别对某种颜色进行输出曲线控制。【Pedestal】和【Gain】参数，设置0为完全关闭，设置1为完全打开。

Colorama（彩光）：可以用来实现彩光、彩虹、霓虹灯等多种神奇效果。

Equalize（均衡）：颜色均衡效果，用来使影像变化平均化，可以选择RGB、Brightness（亮度值）和Photoshop Style（Photoshop风格）调整，如图9-18所示。

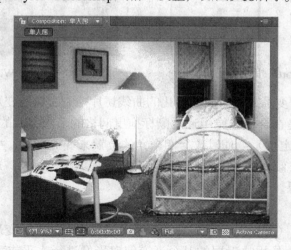

图9-18 Equalize（均衡）特效效果

Tint（色彩）：用来调整影像中包含的颜色信息，在最亮和最暗的之间确定融合度。

9.4 影像扭曲类特效

【Distort】（扭曲）特效主要用于对影像进行几何变形，能够创造出各种变形效果，此类特效在AE中应用很广泛。在AE CS4中选择菜单栏中的【Effect】/【Distort】命令，可以看到如图9-19所示的各种特效。

Bezier Warp（曲线变形），可以控制多个点，在层的边界上沿一个封闭曲线来变形影像。曲线分为四段，每段由四个控制点组成，其中包括两个顶点和两个切点，顶点控制线段位置，切点控制线段曲率。

可以利用Bezier Warp（曲线变形）制作标签贴在瓶子上的效果、用来模拟镜头，或者可以校正影像的扭曲，还可以产生液体流动等的效果，如图9-20所示。

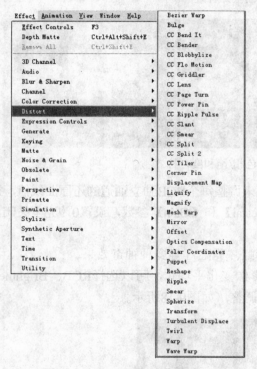

图9-19 【Distort】扭曲类特效

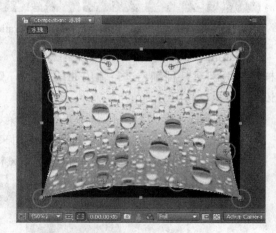

图9-20 Bezier Warp（曲线变形）效果

Mesh Warp（面片变形），应用网格化的曲线切片控制影像的变形区域，对于面片变形的效果控制，更多的是在合成影像中通过鼠标拖曳网格的节点完成的，如图9-21所示。

Corner Pin（边角定位）：通过改变四个角的位置来变形影像，主要是用来根据需要定位，可以拉伸、收缩、倾斜和扭曲图形，也可以用来模拟透视效果，还可以和运动遮罩层相结合，形成画中画效果。

Bulge（凹凸镜）：模拟影像透过气泡或放大镜的效果。

Displacement Map（置换）：通过映射的像素颜色值来对本层变形。从字面上看可能感觉有些复杂，它实际上是用映射层的某个通道值对影像进行水平或垂直方向的变形，如图9-22所示。

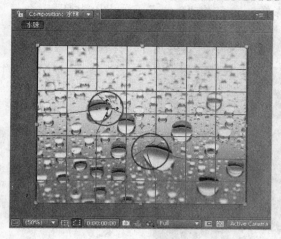
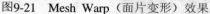

图9-21 Mesh Warp（面片变形）效果

图9-22 Displacement Map（置换）特效效果

Reshape（形变）：需要借助几个遮罩才能实现，通过使用同一层中的三个遮罩，重新限定图象形状，并产生变形效果。

Smear（涂抹）：也是一个需要用遮罩才能完成变形的特效，通过使用遮罩在影像中定义一个区域，然后用遮罩移动位置来进行"涂抹"变形。

Offset（偏移）：用于使影像从一边偏向另一边。

Spherize（球面化）：效果如同令影像包围到不同半径的球面上。

Mirror（镜面）：可以通过设定直线的角度将影像反射，产生对称效果，如图9-23所示。

Ripple（波纹）：产生水池表面的波纹效果，如图9-24所示。

图9-23 Mirror（镜面）特效

图9-24 Ripple（波纹）特效

9.5 实例：标志的出现——飘渺效果

本例主要通过Fractal Noise特效，学习制作标志出现的动画。先创建一个合成影像，将素材导入，再创建一个合成影像，建立固态层，为其添加Fractal Noise特效，并创建遮罩。然后设置Position关键帧动画，最后再创建一个合成影像，为素材分别添加Displacement Map特效、Glow特效和Gaussian Blur特效，记录关键帧。

操 作 步 骤

步骤 ❶ 双击 AE 图标，启动AE CS4应用程序。

步骤 2 按【Ctrl+N】键，新建一个合成影像，命名为"Logo"，如图9-25所示。

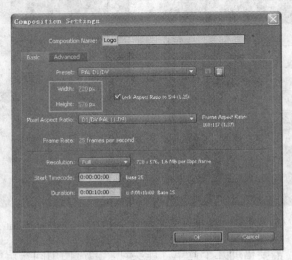

图9-25　新建合成影像

提示　此处默认的项目背景色为黑色，如果要进行调整，可以按【Ctrl+Shift+B】键。

步骤 3 在项目窗口中的空白处双击，在弹出的【Import File】对话框中选择"Logo. tga"文件，将其导入AE，如图9-26所示。然后将素材拖至时间线窗口中。

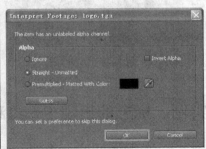

图9-26　导入文件

步骤 4 按【Ctrl+N】键，再新建一个合成影像，命名为"分形噪波"，然后按【Ctrl+Y】键，新建一个固态层，如图9-27所示。

步骤 5 在时间线窗口中选中固态层，选择菜单栏中的【Effect】/【Noise&Grain】/【Fractal Noise】（分形噪波）命令，设置【Contrast】（对比度）参数为200，然后在工具栏中单击按钮，在合成影像窗口中绘制一个遮罩，设置其【Mask Feather】（羽化）参数为100，效果如图9-28所示。

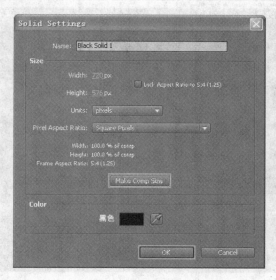

图9-27　创建固态层

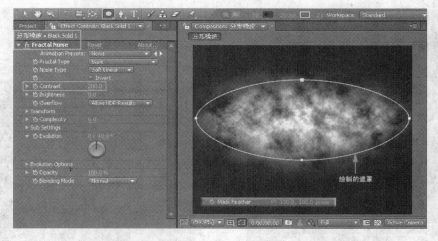

图9-28　绘制遮罩

步骤 6 确认时间指针在第0帧的位置，单击【Evolution】和【Position】项前的■按钮，设置一个关键帧，再将时间指针调整至10秒的位置，设置【Evolution】项为3×240度，【Position】为（1070，288），记录关键帧，如图9-29所示。

步骤 7 按【Ctrl+N】键，再创建一个合成影像，命名为"最终"，在项目窗口中将前面创建的合成影像"Logo"和"分形噪波"拖至时间线窗口中，如图9-30所示。

步骤 8 在时间线窗口中选中"分形噪波"，按【P】键，打开其位置属性设置框，调整其【Position】参数为（360，260），效果如图9-31所示。

步骤 9 在时间线窗口中单击"分形噪波"前的■按钮，将其调整为不可见的状态，然后在时间线窗口中选中"Logo"，如图9-32所示。

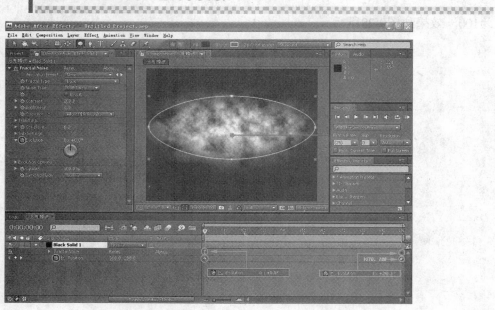

图9-29 记录关键帧

图9-30 新建合成影像

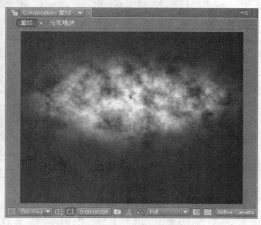

图9-31 设置参数

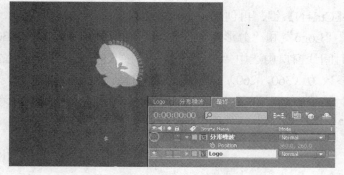

图9-32 选中"Logo"层

步骤 ⑩ 选择菜单栏中的【Effect】/【Distort】/【Displacement Map】（置换）命令，为 "Logo" 添加一个置换特效。设置【Displacement Map Layer】参数为【1.分形噪波】，在时间线窗口中将时间指针调整至第5秒，单击【Max Horizontal Displacement】（最大水平置换）项和【Max Vertical Displacement】（最大垂直置换）项前的 按钮，设置【Max Horizontal Displacement】项为120，【Max Vertical Displacement】项为45，如图9-33所示。

步骤 ⑪ 查看添加【Displacement Map】（置换）特效并设置参数后的效果，第0帧时的效果如图9-34所示。

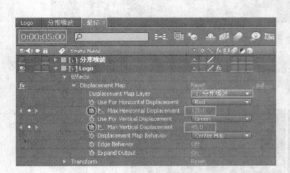

图9-33 添加【Displacement Map】（置换）特效

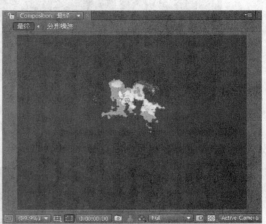

图9-34 添加特效后的效果

 此步充分显示出了【Fractal Noise】（分形噪波）的作用，将时间指针调整至第0帧查看效果，用户可以据此检查之前的设置是否正确。

步骤 ⑫ 在时间线窗口中将时间指针调整至第8秒，设置【Max Horizontal Displacement】、【Max Vertical Displacement】参数为0，记录关键帧，如图9-35所示。

步骤 ⑬ 选择菜单栏中的【Effect】/【Stylize】/【Glow】（发光）命令，为其添加一个发光特效，然后设置参数，如图9-36所示。

图9-35 记录关键帧

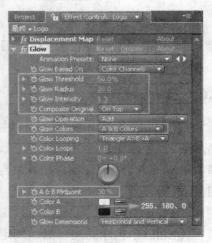

图9-36 设置【Glow】（发光）特效参数

步骤⑭ 选择【Effect】/【Blur&Sharpen】/【Gaussian Blur】（高斯模糊）命令，再为"Logo"添加一个特效，设置【Blurriness】项为50，将时间指针调整至第6秒，单击【Blurriness】项前的█按钮，设置关键帧，再将时间指针移动至第7秒，设置【Blurriness】项为0，记录关键帧，如图9-37所示。

图9-37　设置关键帧

步骤⑮ 至此，标志出现的动画制作完成，单击【Preview】窗口中的█按钮，查看效果，部分截图如图9-38所示。

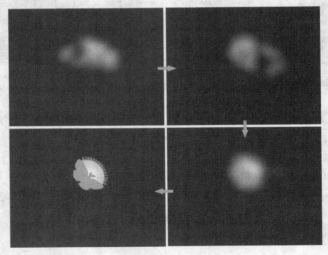

图9-38　动画截图

步骤⑯ 选择【File】/【Save】命令，将文件保存为"标志的出现——飘渺效果.aep"。

9.6　生成类特效

【Generate】生成类特效，是由AE CS4早前的版本中【Render】（渲染）特效改进得到的，使用它可以创造一些原影像中没有的效果，并增添了CC系列的特效，其应用十分广泛，多应用于动态特效。在AE CS4中选择菜单栏中的【Effect】/【Generate】命令，可以看到如图9-39所示菜单。

4-color Gradient（四色渐变）：可以模拟霓虹灯，流光异彩等效果。

Advanced Lightning（高级闪电）：用于模拟闪电效果，如图9-40所示。

Audio Spectrum（音频）与Audio Waveform（波形）：Audio Waveform用于产生音频波形，和Audio Spectrum音频频谱差不多，一个相当于表示"时间域"，另一个表示"频域"。

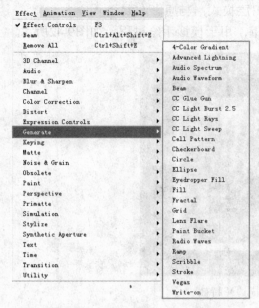

图9-39　【Generate】生成类特效　　　　图9-40　Advanced Lightning（高级闪电）特效

Beam（光束）：用来模拟激光束移动效果。

Fractal（分形）：可以用来模拟细胞体，制作分型效果等。

Ellipse（椭圆）：用来产生椭圆形，也可以模拟激光圈等。

Lens Flare（镜晕光斑）：模拟镜头照到发光物体上，由于经过多片镜头能产生很多光环，这是后期制作中经常使用的提升影像效果的手段，如图9-41所示。

图9-41　Lens Flare（镜头光晕）特效

Lens Flare特效的一些参数说明如下：

（1）【Flare Center】（光晕中心）：控制光晕的中心位置。

（2）【Flare Brightness】（光晕亮度）：控制光晕的明亮程度。

（3）【Lens Type】（镜头类型）：设置摄影机镜头的类型。

（4）【Blend With Original】（与原图混合）：控制光晕效果与原始影像之间的混合程度。

Ramp（渐变）：使产生的黑白渐变成为应用层模式，与原影像混合。

Stroke（描边）：可以沿路径或遮罩产生边框，用于模拟手绘过程，如图9-42所示。

图9-42　Stroke（描边）特效

Vegas（勾画）：描边特效的一种，可以自动捕捉图象的明、暗部分。

9.7　模拟类特效

【Simulation】模拟类特效，可提供模拟多种粒子运动的效果，粒子在后期制作中的应用十分广泛。可以用粒子系统来模拟雨雪、火和矩阵文字等。在AE CS4中选择菜单栏中的【Effect】/【Simulation】命令，可以看到如图9-43所示的各种特效项。

Card Dance（卡片舞蹈）：是一个三维空间的特效，可以在指定层的特征中进行影像分割，能在任意轴向上对卡片进行位移、旋转、缩放等操作。

Foam（气泡）：可以模拟气泡、水珠等流体效果，同时可以控制其粘度、柔韧度等，还可以指定反射图象，如图9-44所示。

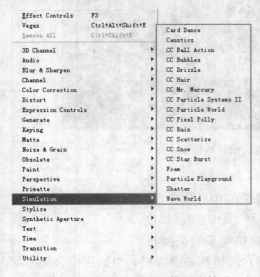

图9-43　【Simulation】模拟类特效　　　　　图9-44　Foam（气泡）特效

Particle Playground（粒子游乐场）：用于制作粒子效果，如图9-45所示。

Shatter（爆炸）：可以对影像进行爆炸处理，使影像产生爆炸飞散的碎片效果。该滤镜特效除了可以控制爆炸碎片的位置、力量和半径等基本参数以外，还可以自定义碎片的形状，如图9-46所示。

图9-45　Particle Playground（粒子游乐场）特效

图9-46　Shatter（爆炸）特效

9.8　实例：影片中的花瓣雨

在本实例的制作过程中先创建一个固态层，然后为其添加Particle Playground（粒子游乐场）特效，再将素材导入，将其转换为三维图层，设置飘落动画，复制多个花瓣图层，设置其位置及制作旋转动画。

将花瓣复制多个以进行位置设置与旋转设置的方法相同，用户可以自行进行不同的设置，本例中只介绍制作动画的步骤，对于相同方法的参数设置将不做过多详解。

操 作 步 骤

步骤 ① 双击 **AE** 图标，启动AE CS4应用程序。

步骤 ② 按【Ctrl+N】键，新建一个合成影像，命名为"花瓣"，如图9-47所示。

图9-47　新建合成影像

步骤 ③ 按【Ctrl+Y】键，新建一个固态层，命名为"背景"，如图9-48所示。

步骤 ④ 选择菜单栏中的【Effect】/【Simulation】/【Particle Playground】（粒子游乐场）命令，为其添加一个特效，并设置参数，如图9-49所示。

图9-48　新建固态层

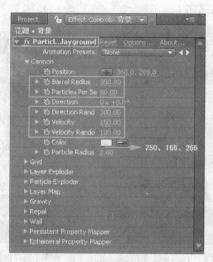

图9-49　设置特效参数

步骤 ⑤ 在项目窗口中的空白处双击，在弹出的【Import File】对话框中选择"花瓣.tif"和"花瓣1.tif"文件，将其导入AE，如图9-50所示。

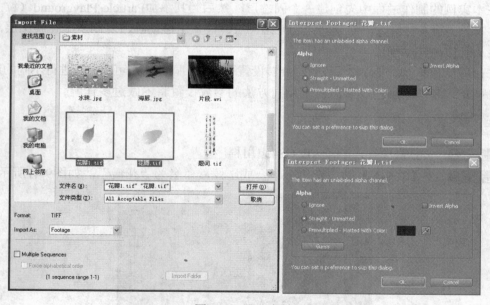

图9-50　导入素材

步骤 ⑥ 将"花瓣"由项目窗口中拖至时间线窗口中，设置【Scale】项为12%，再将其转换为三维图层，确认时间指针在第0帧，单击【Position】项前的◎按钮，设置【Position】参数为（480，120，200），然后分别单击【X Rotation】、【Y Rotation】和【Z Rotation】项前的◎按钮，记录关键帧，如图9-51所示。

图9-51　设置第0帧参数

步骤 7 将时间指针拖至第1秒的位置，设置【Position】参数项为（570，300，150），再将时间指针拖至第2秒的位置，设置【Position】参数项为（540，390，300），再调整至第3秒的位置，设置【Position】参数项为（500，590，400）；设置【X Rotation】参数项为2×30度，【Y Rotation】参数项为720度，【Z Rotation】参数项为360度，如图9-52所示。

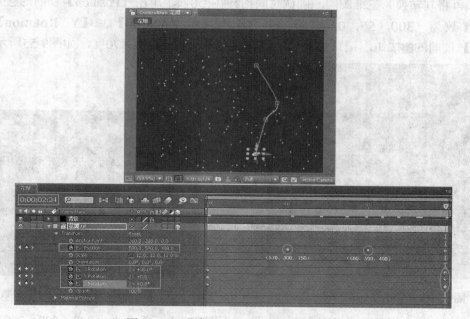

图9-52　设置第1秒及第2秒位置的参数

步骤 8 在时间线窗口中选中"花瓣"层，按【Ctrl+D】键，将其复制一个，修改其参数，将【Scale】设为7%，在第0帧时将【Position】设为（370，90，130），【X Rotation】设为15度。在第1秒时设置【Position】为（500，285，150），第2秒时设置【Position】为（450，450，370），第3秒时设置【Position】为（300，650，490），并设置【X Rotation】为2×30度，【Y Rotation】为1×0度，【Z Rotation】为1×15度，如图9-53所示。

步骤 9 用同样的方法，按【Ctrl+D】键，再将第一个"花瓣"复制一个，修改其参数，将【Scale】设为6%，在第0帧时将【Position】设为（70，200，200），【Y Rotation】设为15度。第1秒时设置【Position】为（220，230，150），第2秒时设置【Position】为（145，300，300），第3秒时设置【Position】为（35，500，500），并设置【X Rotation】为2×20度，【Y Rotation】为1×10度，【Z Rotation】为1×0度，如图9-54所示。

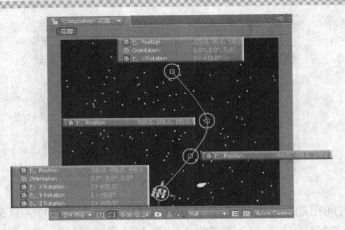

图9-53 修改参数

步骤 10 将"花瓣1"由项目窗口中拖至时间线窗口中，用同样的方法，设置【Scale】为15%，再将其转换为三维图层，确认时间指针在第0帧，单击【Position】项前的 按钮，设置这个参数为（300，55，0），然后分别单击【X Rotation】、【Y Rotation】和【Z Rotation】项前的 按钮，记录关键帧，设置【Y Rotation】项为70度，如图9-55所示。

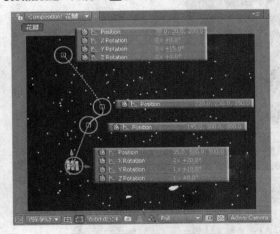

图9-54 第二次复制后修改参数

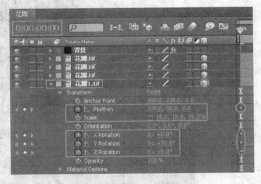

图9-55 设置"花瓣1"参数

步骤 11 将时间指针拖至第1秒的位置，设置【Position】项为（340，200，200），再将时间指针拖至第2秒的位置，设置【Position】项为（400，400，600），再调整至第3秒的位置，设置【Position】项为（360，750，600）；设置【X Rotation】为2×0度，【Y Rotation】为1×30度，【Z Rotation】为2×10度，如图9-56所示。

步骤 12 用同样的方法，将"花瓣1"再复制2个，设置不同的参数，效果如图9-57所示。

提示　此处可以自由设置参数，用户需要掌握的是设置动画的方法，因此后面"花瓣1"复制后各层的参数设置，这里不做详解。

步骤 13 按【Ctrl+N】键，新建一个合成影像，命名为"合成"，将创建的"花瓣"项目由项目窗口中拖至时间线窗口中，按【Ctrl+D】将其复制一组，然后任选一组按打开其旋转属性和位置属性，设置【Rotation】项为-60度，【Position】项为（430，330），如图9-58所示。

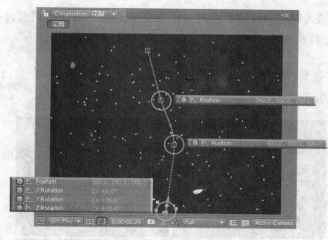

图9-56 设置位置相关的参数

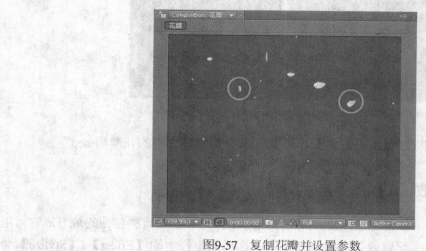

图9-57 复制花瓣并设置参数

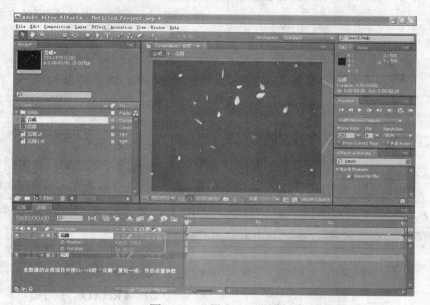

图9-58 设置合成影像

本例介绍的是制作花瓣雨的方法，用户可以复制多组进行调整，得到的效果会更理想，此处就不多做介绍了。

步骤 ⑭ 至此，影片中的花瓣雨动画制作完成，单击【Preview】窗口中的██按钮，查看效果，部分截图如图9-59所示。

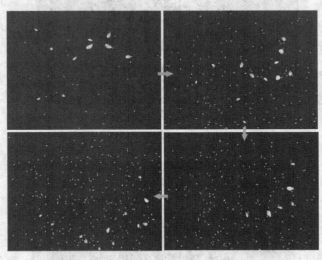

图9-59　动画截图

步骤 ⑮ 选择【File】/【Save】命令，将文件保存为"影片中的花瓣雨.aep"。

9.9　风格化类特效

AE中的【Stylize】（风格化）特效与Photoshop中的风格化滤镜有些相似的地方，它可用来模拟一些水彩画效果、浮雕效果、发光效果等。选择菜单栏中的【Effect】/【Stylize】命令，可以看到如图9-60所示的各种风格化特效。

Brush Strokes（画笔描边）：可以对影像产生类似水彩画的效果。

Color Emboss（彩色浮雕）：效果和Emboss浮雕效果类似，不同的是本效果包含颜色，如图9-61所示。

Emboss（浮雕效果）：不同于Color Emboss的地方在于本效果不应用于中间的彩色像素，只应用于边缘，如图9-62所示。其参数设置如下所示：

（1）【Direction】（方向）：用于控制浮雕方向。

（2）【Relief】（凸起）：控制浮雕凸起的高度。

图9-60　【Stylize】（风格化）特效

图9-61　Color Emboss（彩色浮雕）特效

图9-62　Emboss（浮雕效果）特效

（3）【Contrast】（对比度）：控制浮雕边缘对比度。

（4）【Blend With Original】（原图像混合）：控制效果与原影像的混合情况。

Glow（发光）：经常用于影像中的文字和带有Alpha通道的影像上，可产生发光效果。

Mosaic（马赛克）：使影像产生马赛克。

Find Edges（勾边）：通过强化过渡像素产生彩色线条，如图9-63所示。

Motion Tile（运动分布）：能使同一屏影像中显示多个相同的影像，如图9-64所示。

图9-63　Find Edge（勾边）特效

图9-64　Motion Tile（运动分布）特效

Roughen Edges（边缘粗糙化）：可以模拟腐蚀的纹理或溶解效果。

Strobe Light（闪光灯）：是一个随时间变化的效果，可以用来模拟电脑屏幕的闪烁或配合音乐以增强感染力。

Scatter（分散）：可以使像素被随机分散，产生一种透过毛玻璃观察物体的效果，如图9-65所示。

AE CS4中的特效有很多，这里只简单讲解了常用的部分特效，图例也只是表现了特效某一方面的效果，并不能完全体现其精髓，如果要熟练掌握，用户还需要在实践中反复操作进行巩固。

图9-65　Scatter（分散）特效

9.10　模糊锐化类特效

【Blur&Sharpen】（模糊锐化类）特效可以使影像模糊或清晰化，能针对影像的相邻像素进行计算而产生效果。模糊效果可能是AE中最常应用的效果，也是一种简便易行的改变影像视觉效果的工具。它能让人产生联想，而且可以使用模糊来提升影像的质量，能使原本粗糙的影像变得赏心悦目。选择菜单栏中的【Effect】/【Blur&Sharpen】命令，可以看到如图9-66所示的特效菜单。

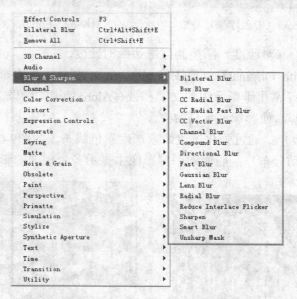

图9-66　【Blur&Sharpen】（模糊锐化类）特效

Compound Blur（混合模糊）：依据某一层（可以在当前合成中选择）影像的亮度值对该层进行模糊处理，或者为它设置模糊映射层，即用一个层的亮度变化去控制另一个层的模糊情况。影像上依据层的亮度越高，模糊越大；亮度越低，模糊越小。也可以反向进行设置，效果如图9-67所示。

图9-67　Compound Blur（混合模糊）特效

使用混合模糊时，需要注意下面的参数项：

【Blur Layer】（模糊层）：用来指定当前合成中的哪一层为模糊映射层。

【Maximum Blur】（最大模糊）：以像素为单位，设置模糊值。

【Stretch Map to Fit】：若模糊映射层和本层的尺寸不同，则可以对映射层进行伸缩控制。

【Invert Blur】（反向模糊）：进行反向操作。

Compound Blur（混合模糊）特效可以用来模拟大气，如烟雾和火光效果，特别是映射层为动画时，效果更生动；也可以用来模拟污点和指印。

Fast Blur（快速模糊）：用于设置影像的模糊程度。与Gaussian Blur十分类似，适用于制作大面积模糊，速度快。

Gaussian Blur（高斯模糊）：用于模糊和柔化影像，可以去除杂点。层的质量设置对高斯模糊没有影响，高斯模糊能产生更细腻的模糊效果，尤其是单独使用的时候。

Fast Blur（快速模糊）与Gaussian Blur（高斯模糊）对比效果如图9-68所示。

Fast Blur（快速模糊）

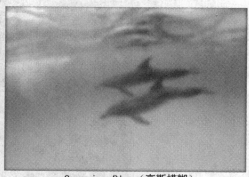
Gaussian Blur（高斯模糊）

图9-68　Fast Blur（快速模糊）与Gaussian Blur（高斯模糊）对比

高斯模糊的设置参数如下：

【Blurriness】：用于设置模糊程度。

【Blur Dimensions】：设置模糊方向，可以选择Horizontal和Vertical两个方向；Horizontal表示水平方向；Vertical表示垂直方向。

Radial Blur（圆周模糊）：能在指定的点周围产生环绕的模糊效果，越靠外模糊越强，如图9-69所示。其参数项如下：

【Amount】：用于设置模糊程度。

【Center】：设置中心位置。

【Type】：用于选择模糊类型。选择Spin旋转，则模糊呈现旋转状（默认状态）；选择Zoom变焦，则模糊呈放射状。

【Antialiasing（Best Quality）】：用于设置反锯齿的作用，Low表示低质量；High表示高质量，这个选项只有在最高质量时才有效。

Sharpen（锐化）：用于锐化影像，在影像颜色发生变化的地方提高对比度，如图9-70所示。

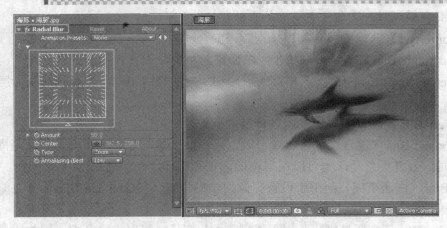

图9-69 Radial Blur（圆周模糊）特效

图9-70 Sharpen（锐化）特效

Unsharp Mask（反遮罩锐化）：用于在一个颜色边缘增加对比度。和Sharpen不同，Unsharp Mask不对颜色边缘进行突出，看上去是增强整体对比度。

在使用模糊特效的时候，要对层打开高精度显示，也就是反锯齿显示，这样计算才能正确进行。

9.11 实例：中国画效果的实现

本例主要通过使用模糊特效，实现一幅中国画的效果。

操 作 步 骤

步骤 ❶ 双击 AE 图标，启动AE CS4应用程序。

步骤 ❷ 在项目窗口中的空白处双击，在弹出的【Import File】对话框中按住【Ctrl】键选择"塔.jpg"文件、"宣纸.jpg"文件和"题词.tif"文件，将其导入AE，如图9-71所示。

步骤 ❸ 在项目窗口中拖动"塔"素材至 ▣ 按钮上，创建一个新的合成影像，命名为"中国画"，如图9-72所示。

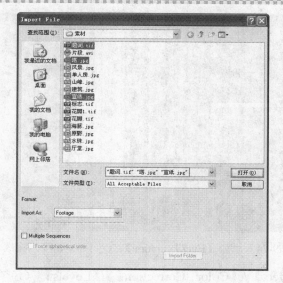

图9-71 导入文件

图9-72 新建合成影像

步骤 ④ 将"宣纸.jpg"文件和"题词.tif"文件由项目窗口拖至时间线窗口，然后选中"塔"层，选择菜单栏中的【Effect】/【Stylize】/【Find Edge】（勾边）命令，为其添加一个勾边特效，设置参数，效果如图9-73所示。

步骤 ⑤ 选择菜单栏中的【Effect】/【Color Correction】/【Hue/Saturation】（色相/饱和度）命令，为"塔"添加一个特效，参数设置如图9-74所示。

图9-73 添加【Find Edge】（勾边）特效

图9-74　添加【Hue/Saturation】（色相/饱和度）特效

步骤6 选择【Effect】/【Color Correction】/【Levels】（色阶）命令，设置【Input Black】项为20，【Input White】项为220，使塔的层次更明显，效果如图9-75所示。

图9-75　添加【Levels】（色阶）特效

知识链接

为"塔"添加【Find Edge】（勾边）特效可以强化颜色变化区域的过渡像素；添加【Hue/Saturation】（色相/饱和度）特效可调整其色相、饱和度，使其变为黑白色；添加【Levels】（色阶）特效可以修改其亮部、暗部及中间色调。

步骤7 选择【Effect】/【Blur&Sharpen】/【Gaussian Blur】（高斯模糊）命令，添加高斯模糊特效。设置【Blurriness】参数为8，效果如图9-76所示。

步骤8 在时间线窗口中选中"塔"，按【Ctrl+D】键将其复制一个，按【Enter】键将其重命名为"画"，如图9-77所示。

步骤9 在时间线窗口中确认选中"画"，在特效面板中调整其特效参数：调整【Blend With Original】为30%；【Input Black】为0，【Input White】为160，【Gamma】为0.2；【Blurriness】为2，效果如图9-78所示。

图9-76 添加【Gaussian Blur】（高斯模糊）特效　　　　图9-77 复制图层并重命名

图9-78 修改参数

步骤⑩ 在时间线窗口中将"画"和"塔"的Mode面板的叠加模式改为【Multiply】模式，将其底色与层颜色相融合，从而显示出一种较暗的效果，如图9-79所示。

图9-79 修改模式

步骤 ⑪ 这时看到的效果比较灰暗。在时间线窗口中按住【Ctrl】键，选中"画"和"塔"，按【T】键，打开其不透明度属性设置框，设置"画"和"塔"的【Opacity】参数分别为70%和45%，如图9-80所示。

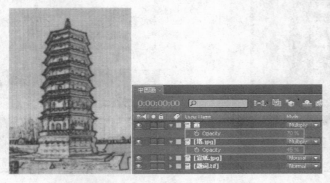

图9-80　设置透明度参数

步骤 ⑫ 在时间线窗口中选中"题词"，将其调整至最顶层，按【P】打开其位置属性设置框，然后按住【Shift】键再按【S】键，打开其缩放属性设置框，设置【Position】项为（320，140），【Scale】项为70%，设置其叠加模式为【Linear Burn】，效果如图9-81所示。

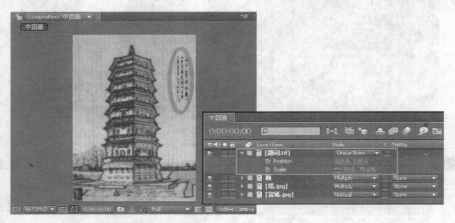

图9-81　设置参数

------○------ **知识链接** ------○------

【Linear Burn】模式可使下层影像依据上层影像的灰度程度变暗后再与上层影像融合。

步骤 ⑬ 此时可以看到"题词"层周围仍然有痕迹，选择【Effect】/【Color Correction】/【Brightness&Contrast】（亮度&对比度）命令，设置其【Contrast】参数（对比度）为100，如图9-82所示。

步骤 ⑭ 至此，中国画效果制作完成，选择【File】/【Save】命令，将文件保存为"中国画效果.aep"。

图9-82　添加【Brightness&Contrast】（亮度&对比度）特效

课后练习

本例主要通过运用**Particle Playground**（粒子游乐场）特效，学习制作飘雪冬景的效果。

操 作 步 骤

步骤❶　双击图标，启动AE CS4应用程序。在项目窗口中的空白处双击，在弹出的【Import File】对话框中选择"雪山.jpg"文件，将其导入AE，如图9-83所示。稍后将其拖至时间线窗口中，

步骤❷　激活时间线窗口，按【Ctrl+Y】键，新建一个固态层，如图9-84所示。

图9-83　导入素材

图9-84　创建固态层

步骤❸　选择菜单栏中的【Effect】/【Simulation】/【Particle Playground】（粒子游乐场）命令，为其添加一个特效，设置参数，如图9-85所示。

步骤❹　至此，飘雪冬景动画制作完成，单击【Preview】窗口中的▶按钮，查看效果，动画截图如图9-86所示。

图9-85　设置【Particle Playground】　　　　　　图9-86　动画截图
　　　　（粒子游乐场）特效参数

步骤 ⑤ 选择【File】/【Save】命令，将文件保存为"飘雪冬景.aep"。

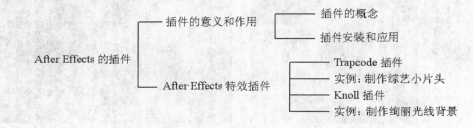

第10课

After Effects的插件

插件（Extension）也称为扩展，是一种遵循一定的应用程序接口规范编写出来的程序，主要是用来扩展软件功能。很多软件都有插件，有些由软件公司自己开发，有些则是第三方或软件用户个人开发的。

本课主要介绍AE CS4的两个重要的插件：Trapcode插件系列和Knoll插件系列，并通过实例介绍这两种系列插件中常用的几种特效。

本课知识结构：

After Effects 的插件
- 插件的意义和作用
  - 插件的概念
  - 插件安装和应用
- After Effects 特效插件
  - Trapcode 插件
  - 实例：制作综艺小片头
  - Knoll 插件
  - 实例：制作绚丽光线背景

就业达标要求：

1：了解插件的意义和作用。

2：掌握Trapcode插件和Knoll插件的相关知识。

3：结合实例熟练掌握插件。

10.1 强大的插件

一款影视后期软件，其主要功能体现在影像的合成及特效制作上，在前面的学习中可以发现AE中有很多插件，插件能提高工作效率，制作出绚丽的效果，可以带来很多方便。插件制作的效果如图10-1～图10-4所示。

插件，即Plug-in，是一种程序。AE每个插件的参数都有设置关键帧的功能。

很多软件都有插件，有的用于制作各种纹理效果，如Allegorithmic；有的用于制作变形和图元效果，比如制作老电影、地震、光线缩放等，还有的需要表现风格化和自然现象。AE中的插件有不少与Photoshop中的插件具有相近的功能，如：Eye Candy 3.1，这是著名Photoshop插件的AE版本，大致上和PS版的功能一致。

AE的第三方插件很强大，所谓第三方插件是其他公司或者个人在使用这个软件的时候因为满足不了他的需求而为了达到自己的效果重新编辑了该功能，或者拓展了该功能。

图10-1　插件制作的效果（1）

图10-2　插件制作的效果（2）

图10-3　插件制作的效果（3）

图10-4　插件制作的效果（4）

10.2　特效插件的安装和应用

很多新手都不知道如何安装和注册插件。AE插件常见的安装方法有两种，一种是直接将插件文件（.aex）复制到AE的插件目录下，另一种是插件本身有安装程序，这种只需运行相应的安装程序根据提示就可以安装了。

大部分插件是直接下载以后将插件文件（.aex）复制到AE的插件目录下就可以了，下面以安装AE CS4中Trapcode中的插件Shine为例，学习如何安装和注册插件。

（1）打开shine文件夹，双击安装文件，出现如图10-5所示对话框，直接点击 Next> 按钮，进入下一步。

（2）单击 Browse... 按钮，选择"C:\Program Files\Adobe\Adobe AE CS4\Support Files\Plug-ins"插件安装文件夹，然后单击 Next> 按钮，进入下一步，如图10-6所示。

（3）完成安装后启动AE CS4应用程序，如图10-7所示。

（4）在AE CS4中导入素材后，选择【Effect】/【Trapcode】/【Shine】命令，为素材添加Shine特效。

（5）在时间线窗口中素材的名字下面找到所添加的插件，并单击【Options】项，如图10-8所示。

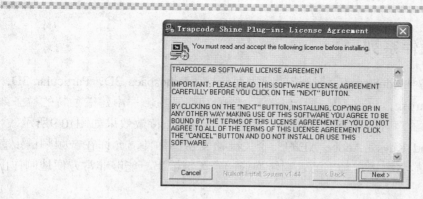

图10-5　单击【Next】按钮

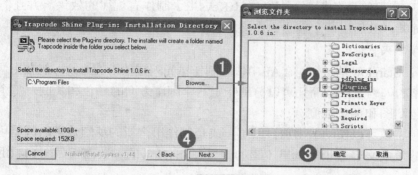

图10-6　选择安装位置

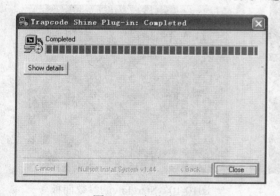

图10-7　安装完成

图10-8　找到插件特效

（6）在出现的对话框中单击 Enter Key... 按钮进行注册。

用同样的方法用户可以尝试安装Trapcode插件系列中的插件Starglow和3D Stroke。

有些插件只是一个扩展名为.AEX的文件，此类插件只需将其复制到【Plug-ins】文件夹内。然后重启软件，即可在【Effects&Presets】（特效面板）中找到该插件特效。

另外，还有些扩展名为.EXE的插件，这是安装程序文件。将插件安装在【Plug-ins】文件夹内，然后重启软件，也可在【Effects&Presets】（特效面板）中找到该插件特效。

10.3　Trapcode插件系列

Trapcode系列包含7种Adobe AE 滤镜特效，里面包含了Echospace 3D、Particular 3D、Shine、Starglow、3D Stroke、Sound Keys、Lux，主要的功能是在影片中建造独特的粒子效果与光影变化，也包括了声音的编修，与摄影机的控制等功能。特效效果如图10-9所示。

Sound Keys：Sound Keys是Adobe AE的一个关键帧发生器插件，允许在音频频谱上直观地选择一个范围，并能将已选定频率的音频转换成一个关键帧串，能够非常方便地制作出由音频驱动的动画。

Sound Keys与来自于AE的关键帧发生器有着根本的不同，它们（如：wiggler, motion sketch等）有着自己的调色板，而且Sound Keys用于制作有规律的效果，并且能够用其输出参数生成关键帧，然后用一个表达式连接，这种方式的优点是插件所有的设置可以与工程文件一同被保存下来。

Starglow：Starglow是一个能在AE中快速制作星光闪耀效果的滤镜，能在影像中高亮度的部分加上星型的闪耀效果，而且可以分别指定八个闪耀方向的颜色和长度，每个方向都能被单独赋予颜色贴图和调整强度。

使用这种特效可以使动画增加真实感，或是制作出全新的梦幻效果，甚至可以模拟镜头效果。用在分子或文字上也能做出不错的效果。Starglow的参数面板如图10-10所示。

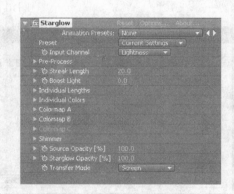

图10-9　运用插件制作的效果　　　　　　　图10-10　Starglow的参数面板

【Starglow】参数面板中的部分选项介绍如下：

【Preset】（预设）：有四组列表可以选择，第一组效果是最简单的星光特效，只能使用一种颜色贴图；第二组是一组白色星光特效，可以创建不同的星形；第三组可以创建五彩星光特效，每个具有不同的星形；第四组是不同色调的星光特效，有暖色和冷色及其他一些色调，如图10-11所示。

【Input Channel】：可以选择特效基于的通道，如Lightness、Luminance、Red、Green、Blue、Alpha六种类型。

【Pre-Process】：Threshold定义产生星光特效的最小亮度值，Threshold的值越小，影像上产生的星光闪耀特效就越多。反之，值越大，产生星光闪耀的区域亮度要求就越高，其面板如图10-12所示。

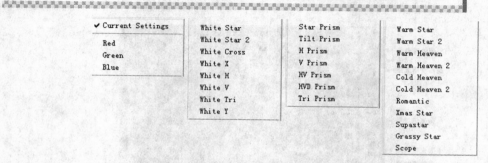

图10-11　Preset（预设）特效列表

【Individual Lengths】：调整每个方向的发光强度。

【Individual Colors】：用于设置每个方向的颜色贴图，最多有A、B、C三种颜色贴图供选择，如图10-13所示。

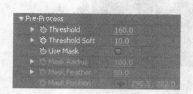

图10-12　【Pre-Process】面板　　　　图10-13　【Individual Colors】面板

【Colormap】：可以从预置选项内选择一个颜色组合。有单色、三色过渡、五色过渡三种选项，另外还能选择内置的一些组合方式。

【Shimmer】（微光）：用于设置微光的数量、细节、位置等参数。

Particular 3D是一个3D粒子系统，它可以产生各种各样的自然效果，像烟、火、闪光效果，也可以产生有机的和高科技风格的图形效果，它对于运动图形的设计是非常有用的。

3D Stroke：3D Stroke使用Mask（遮罩）和Path（路径）计算出线条，令它们在3D空间中旋转或移动，主要用于制作流动光效。另外，3D Stroke还包含了motion blur（动态模糊）功能，因而线条快速移动的时候，动画看起来仍然非常流畅。还有Bend（弯曲）和Taper（锥化）功能，可以在3D空间中自由地将笔画弯曲变形。

Shine（发光）：Shine是一个能在AE中快速制作各种炫光效果的滤镜，具有许多特别的参数，以及颜色调整模式，其基本界面如图10-14所示。

Echospace：此插件可以通过其内置的功能，对原始图层进行复制，从而创建出若干个新的图层。这些新图层和普通的图层一样，也可以产生阴影和交叉效果。

Lux：此插件利用AE内置灯光来创建点光源的可见光效果，可以读取AE中所有灯光中的所有参数。

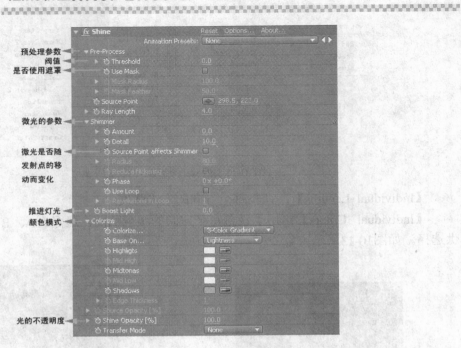

预处理参数
阈值
是否使用遮罩

微光的参数

微光是否随
发射点的移
动而变化

推进灯光
颜色模式

光的不透明度

图10-14　Shine基本界面

10.4　实例：综艺小片头

本例主要学习运用前面所介绍的部分插件，以及Trapcode插件系列中的Shine插件和Starglow插件制作综艺小片头。

操作步骤

步骤 ① 双击 **AE** 图标，启动AE CS4应用程序。

步骤 ② 按【Ctrl+N】键，新建一个合成影像，命名为"片头"，如图10-15所示。

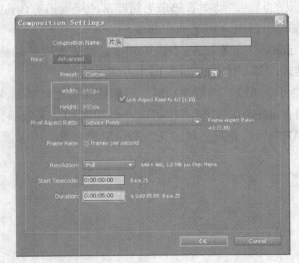

图10-15　新建合成影像

步骤 3 激活时间线窗口，按【Ctrl+Y】键，新建一个固态层，命名为"背景"，如图10-16所示。

图10-16　新建固态层

步骤 4 在时间线窗口中选中"背景"层，选择【Effect】/【Generate】/【Radio Wave】命令，为其添加一个声波特效，并设置参数，如图10-17所示。

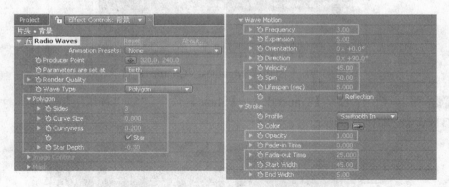

图10-17　添加【Radio Wave】特效

步骤 5 确认时间指针在第0帧，单击【Radio Wave】特效下【Polygon】项下的【Sides】项和【Star】项前的 按钮，设置两个关键帧，如图10-18所示。

图10-18　设置关键帧

步骤 6 将时间指针调整至第1秒，设置【Sides】参数为5，再调整至第2秒的位置，设置【Sides】参数为7，然后将时间指针调整至第2秒10帧的位置，关闭【Star】项，记录关键帧，如图10-19所示。

图10-19　记录关键帧

步骤 7 选择【Effect】/【Color Correction】/【Brightness&Contrast】（亮度&对比度）命令，再为"背景"层添加一个特效，设置参数，如图10-20所示。

图10-20　添加【Brightness&Contrast】特效

步骤 8 选择【Effect】/【Trapcode】/【Shine】命令，为"背景"层再添加一个发光特效，设置参数，如图10-21所示。

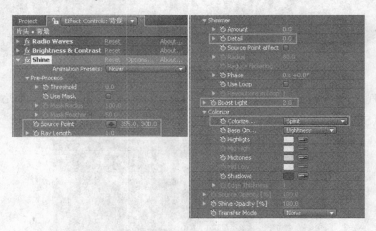

图10-21　添加【Shine】特效

步骤 9 选择【Effect】/【Trapcode】/【Starglow】命令，为"背景"层再添加一个星光特效，设置参数，如图10-22所示。

步骤 10 在项目窗口中的空白处双击，在弹出的【Import File】对话框中选择"文字.tif"文件，将其导入AE，如图10-23所示。

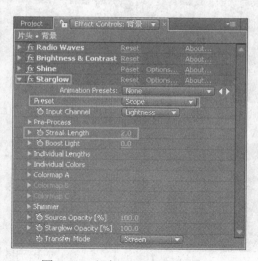

图10-22　添加【Starglow】特效

图10-23　导入文件

步骤 ⑪ 将素材由项目窗口拖至时间线窗口中，确认选中"文字"层，选择【Effect】/【Keying】/【Color Key】命令，为其添加一个【Color Key】（抠像颜色）特效，单击【Key Color】右侧的█按钮，在合成影像窗口中拾取"文字"层的背景色（白色）为键出色，参数如图10-24所示。

步骤 ⑫ 确认选中"文字"层，按【S】键，打开其缩放属性设置框，设置【Scale】参数为5%；再在按住【Shift】键的同时按【R】键，打开其旋转属性设置框，设置参数，当时间指针在第0帧时，分别单击【Scale】和【Rotation】前的█按钮，设置关键帧，如图10-25所示。

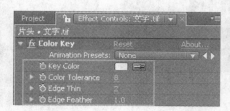

图10-24　添加【Color Key】
（抠像颜色）特效

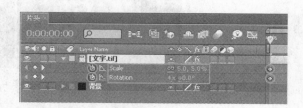

图10-25　设置关键帧

步骤 ⑬ 将时间指针调整至第3秒的位置，设置【Scale】参数为70%，【Rotation】参数为0度，记录关键帧，如图10-26所示。

步骤 ⑭ 选择【Effect】/【Blur&Sharpen】/【Radial Blur】（辐射模糊）命令，为"文字"层添加一个模糊特效，在第0帧处，单击【Amount】前的█按钮，设置【Amount】参数为80，如图10-27所示。

步骤 ⑮ 再将时间指针调整至第3秒的位置，设置【Amount】参数为0，记录关键帧，如图10-28所示。

步骤 ⑯ 至此，综艺片头制作完成，单击【Preview】窗口中的█按钮，查看效果，部分截图如图10-29所示。

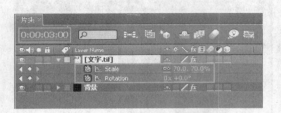

图10-26　记录关键帧

图10-27　添加【Radial Blur】特效

图10-28　记录关键帧

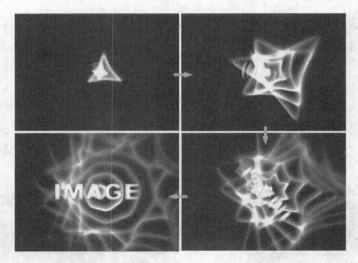

图10-29　动画截图

步骤 17 选择【File】/【Save】命令，将文件保存为"综艺小片头.aep"。

10.5　Knoll插件系列

Knoll Light Factory也称为光线工厂，是一个不可多得的光线滤镜，可以用于Photoshop、Combustion、AE等大型软件中作为第三方插件，用它制作的特效效果如图10-30所示。

Knoll Light Factory是世界上使用者最多的动画绘图工具之一，主要用于模拟光线的效果，常用于增强外表或是应用在特别的爆炸效果中，选择菜单栏中的【Effect】/【Knoll Light Factory】命令，可以在其关联菜单中看到相关插件，如图10-31所示。

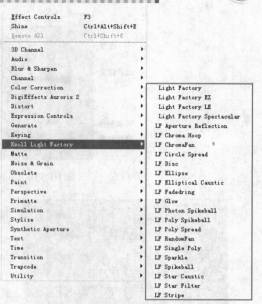

图10-30　特效效果　　　　　　　　　　图10-31　Knoll Light Factory插件

Knoll Light Factory是一个非常棒的光源效果制作工具，提供了二十多种光源与光晕效果，部分光效如图10-32所示。

图10-32　部分光效

Light Factory：能制作出良好的光晕效果，还可以产生光源通过物体时的遮挡效果，其基本参数面板如图10-33所示。

LF Sparkle（火花）插件，顾名思义，即通过设置参数能产生各种火花效果。Knoll Light Factory系列插件本身是用于制作镜头光晕、光圈效果的，虽然用Shine也可以制作出火花效果，但LF Sparkle（火花）插件能制作出具有强烈放射性的效果，其基本参数面板如图10-34所示。

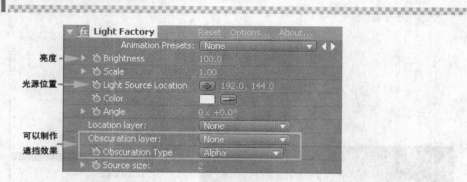

图10-33　Light Factory基本参数面板

图10-34　LF Sparkle（火花）
插件基本界面

面板中的参数介绍如下：

【Global Brightness】：控制亮度，数值越大就越亮。

【Global Scale】：控制发光范围。

【Light Source Location】：调整光源的位置。

【Location Layer】：选择层位置，光源将自动移至素材中心点的位置上。

【Obscuration layer】：将一个带Alpha通道的图层赋于它，能产生类似三维软件特效中光源通过物体似的遮挡效果。

【Count】：控制数量。

【Random Seed】：随机变化。

LF Poly Spread：用于制作光晕特效。其界面及效果如图10-35所示。Knoll Light Factory插件的参数项有不少相似的地方，用户可以通过尝试不同的设置查看效果。

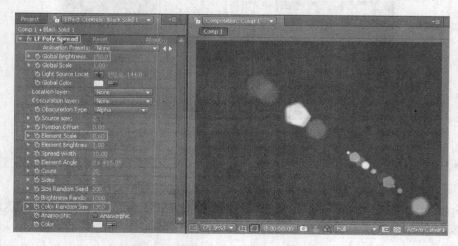

图10-35　LF Poly Spread特效

10.6　实例：绚丽光线背景的制作

本例结合AE CS4自带的插件和Knoll系列插件中的【Light Factory】插件进行绚丽光线背景的制作。

操　作　步　骤

步骤① 双击 图标，启动AE CS4应用程序。

步骤② 在项目窗口中的空白处双击，在弹出的【Import File】对话框中选择"云动.avi"文件，将其导入AE，如图10-36所示。

步骤③ 在项目窗口中选择"云动"，将其拖动至 按钮上，新建一个合成影像，如图10-37所示。

图10-36　导入素材

图10-37　新建合成影像

步骤④ 在时间线窗口中选中"云动"层，按【S】键打开其缩放属性框，单击其前面的 按钮，取消锁定，设置【Scale】参数为（100，20000），如图10-38所示。

步骤⑤ 选择【Effect】/【Color Correction】/【Tint】（染色）命令，为"云动"层添加一个特效，设置参数，如图10-39所示。

图10-38　设置Scale参数

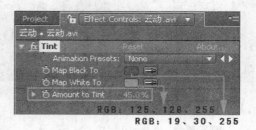

图10-39　设置染色特效参数

步骤 6 然后选择【Effect】/【Color Correction】/【Brightness&Contrast】（亮度&对比度）命令，再为其添加一个特效，设置【Brightness】为－5，【Contrast】为50，效果如图10-40所示。

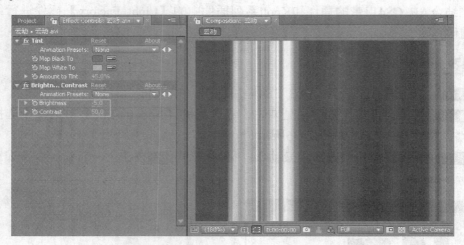

图10-40 添加【Brightness&Contrast】（亮度&对比度）特效

步骤 7 在时间线窗口中单击 按钮，新建一个合成影像，命名为"合成"，如图10-41所示。

步骤 8 将项目窗口中的合成影像"云动"拖至时间线窗口中，然后选择【Effect】/【Distort】/【Polar Coordinates】（极坐标）命令，为其添加一个特效，设置【Interpolation】（插补）为100%，【Type of Conversion】（类型转换）为Rect To Polar，效果如图10-42所示。

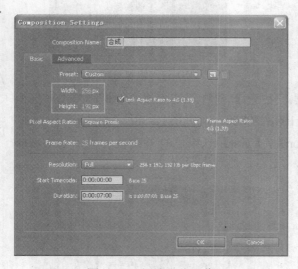

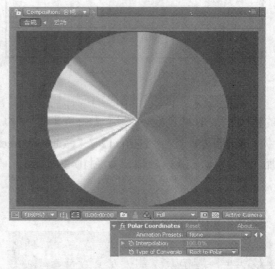

图10-41 新建合成影像　　　　图10-42 添加【Polar Coordinates】（极坐标）特效

步骤 9 在时间线窗口中确认选中"云动"层，按【S】键打开其缩放属性设置框，设置【Scale】为170%，效果如图10-43所示。

步骤 10 选择【Effect】/【Knoll Light Factory】/【Light Factory】命令，为"云动"层添加一个光特效，并设置参数，如图10-44所示。

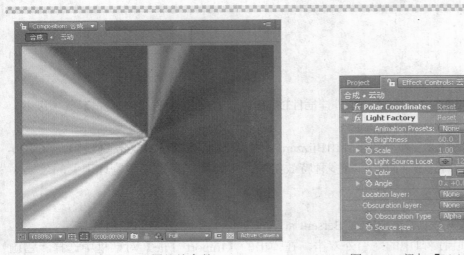

图10-43 设置缩放参数　　　　　　图10-44 添加【Light Factory】特效

步骤 ⑪ 当时间指针在第0帧时，单击【Brightness】项前的 ▧ 按钮，设置一个关键帧，然后将时间指针调整至第5秒的位置，设置【Brightness】项为110，记录关键帧，如图10-45所示。

图10-45 记录关键帧

步骤 ⑫ 至此，绚丽的光线背景制作完成，单击【Preview】窗口中的 ▧ 按钮，查看效果，部分截图如图10-46所示。

图10-46 动画截图

步骤 ⑬ 选择【File】/【Save】命令，将文件保存为"绚丽的光线背景.aep"。

课后练习

制作飘雪冬景。

本例主要学习运用AE CS4的一个外挂插件DigiEffects Berserk中的【Blizzard】（暴风雪）特效，制作飘雪冬景。

DigiEffects Berserk系列插件主要由Blizzard（暴风雪）、BumpMaker（碰撞）、Cyclo-Warp（万有引力）、Laser（激光）等多种特效组成，主要用于模拟一些物理现象的效果。

【操】【作】【步】【骤】

步骤❶　安装并注册DigiEffects Berserk插件后，重新启动AE CS4应用程序。

步骤❷　在项目窗口中的空白处双击，在弹出的【Import File】对话框中选择"雪山.jpg"文件，将其导入AE，然后将其拖至██按钮上新建一个合成影像，如图10-47所示。

图10-47　新建合成影像

步骤❸　在时间线窗口中选中"雪山"层，选择【Effect】/【DigiEffects Berserk】/【Blizzard】（暴风雪）命令，为其添加一个特效，设置参数，如图10-48所示。

步骤❹　至此，飘雪冬景动画制作完成，按【Enter】键查看效果，截图如图10-49所示。

步骤❺　选择【File】/【Save】命令，将文件保存为"飘雪冬景.aep"。

图10-48　添加特效

图10-49　动画截图

第11课

运动追踪

追踪功能是后期制作软件必备的功能，在影视合成中可起到非常重要的作用。运动追踪是AE中一个功能强大的动画控制工具。本课主要学习AE CS4中运动追踪的相关知识，并运用运动追踪器制作动画效果。

本课知识结构：

运动追踪 ┬ 运动追踪器 ┬ 一点追踪
         │   └ 两点追踪
         └ 运动追踪的应用 ┬ 实例：追逐风火轮
                          └ 课后练习：手捧烟雾特效

就业达标要求：

1：了解运动追踪的意义。

2：掌握运动追踪器的用法。

3：结合实例熟练掌握运动追踪。

11.1 运动追踪器

运动追踪是对影片中运动的物体进行追踪，进而可以获得层中某些点的运动信息，例如：位置、缩放、旋转等，然后可以将这些运动信息传达至另一层或层的效果点中，使另一层或效果点的运动与该层的追踪点运动一致。运动追踪的应用效果如图11-1所示。

应用运动追踪时，合成文件中应该至少有两个层：一层为追踪目标层，一层为连接到追踪点的层。一般当导入影片素材后，先在时间线窗口中选择需要进行追踪操作的动态素材层，在菜单栏中选择【Animation】/【Track Motion】命令添加运动追踪，如图11-2所示。

图11-1 运动追踪的应用效果

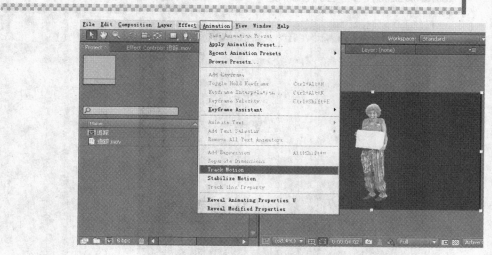

图11-2 命令设置

运动追踪主要是通过追踪影片中某一帧的某个特征，然后使目标层或效果层自动地跟随其运动，在如图11-3所示的追踪面板中可以设置相关参数细节。

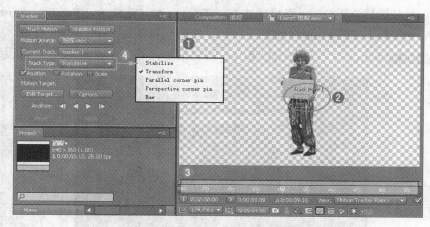

图11-3 追踪面板

①预览区域：预览需要跟踪的影像，便于定义追踪区域。

②为追踪区域：由两个方框组成，最外面的方框为搜索区域，里面较小的方框为特征区域，可以提高追踪的精度和速度，中间的十字点为追踪点，该点将另一层的锚点位置联系在一起，鼠标拖动追踪区域会将周围区域放大，以便更准确地定位，如图11-4所示。

在旋转追踪位置的时候，追踪点不出现。追踪点不一定要在特征区域的里面，可以拖动到任何地方。

特征区域和搜索区域的大小和位置都可以调节，拖动边框的句柄可以调节其大小；在特征区域里面拖动鼠标可以移动特征点、特征区域。

若要不移动特征点，可以按住【Alt】键，在特征区域内拖动鼠标，则特征点不动。

在搜索区域与特征区域之间拖动鼠标将只移动搜索区域。

追踪时需要将特征区域和搜索区域定义得尽可能小，这样可以提高追踪的精度和速度；但当追踪的点运动较迅速时，需要适当扩大搜索区域，这将增加追踪的时间，但可以保证追踪的精度。

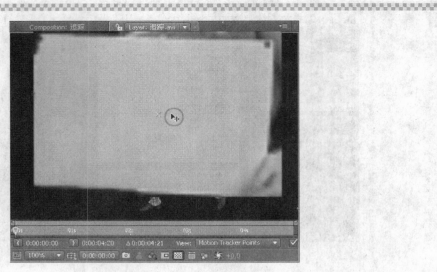

图11-4　追踪区域

③此部分包括时间指示，还可以定义追踪区域的入点和出点。

④此部分可以选择Stabilize（稳定操作）、Transform（追踪）、Parallel corner pin（两点追踪）、Perspective corner pin（四点追踪）、Raw几种追踪方式。

单击 Options... 按钮，将出现如图11-5所示的对话框，可以对追踪参数进行设置。

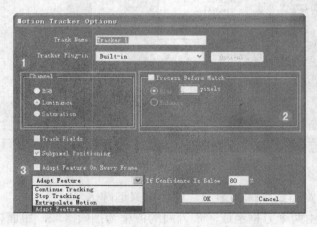

图11-5　Motion Tracker Options面板

该面板中的内容介绍如下：

①选择追踪通道：可以追踪RGB三色通道、追踪亮度信息，也可以追踪对比度信息，通常选择表现更强烈的信息做为追踪依据。

通常情况下需要制作的特效多为发光的物体，追踪时可以追踪亮度信息，如果物体是颜色鲜明的点，则可以选择追踪RGB三色通道。

②追踪前的预处理，如果影像有较多杂点干扰追踪信息，则选择Blur pixels，并设置像素值，对影像进行适当的模糊处理，可以提高追踪的质量，但这种模糊只是暂性的，追踪完毕影像会恢复正常。

如果影像过于模糊，可以选择Enhance，对影像进行锐化处理，提高追踪质量。

Track Fields： 选择该项可以加倍追踪帧速率，常用来对素材进行跟踪。

③此列表框用于控制追踪，并可设置百分比。当追踪信息的精度百分比低于该值时，AE将推算追踪信息的位置。

11.2　实例：追踪风火轮

本例先将素材导入AE中，再新建一个固态层，为固态层添加特效，调整固态层与素材的位置，然后设置追踪，产生追踪信息，完成动画制作。

步骤① 双击 **AE** 图标，启动AE CS4应用程序。

步骤② 在项目窗口中的空白处双击，在弹出的【Import File】对话框中选择"风火轮"文件序列，将其导入AE中，如图11-6所示。

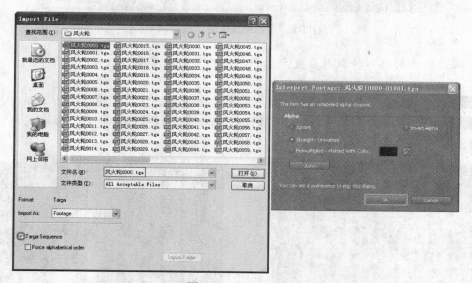

图11-6　导入素材

步骤③ 在项目窗口中将"风火轮"文件序列拖至 按钮上，新建一个合成影像，如图11-7所示。

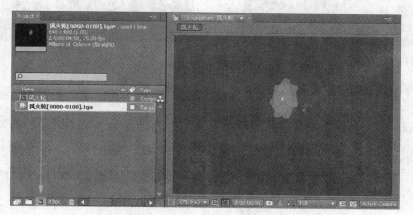

图11-7　新建合成影像

步骤 4 在时间线窗口中选中"风火轮"，选择菜单栏中的【Effect】/【Color Correction】/【Brightness&Contrast】（亮度&对比度）命令，为其添加一个特效，设置【Brightness】为30，【Contrast】为20，效果如图11-8所示。

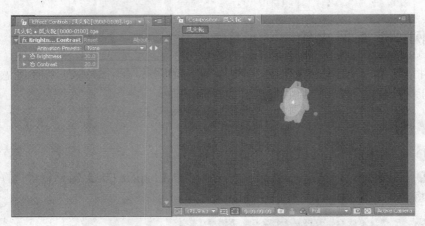

图11-8　添加亮度&对比度特效

 此处为素材添加特效并非重点步骤，用户可根据需要进行操作。

步骤 5 按【Ctrl+Y】键，新建一个固态层，命名为"火"，如图11-9所示。

步骤 6 选择菜单栏中的【Effect】/【Tinderbox4】/【T_Fire】命令，为其添加一个火特效，设置图层模式为【Add】，效果如图11-10所示。

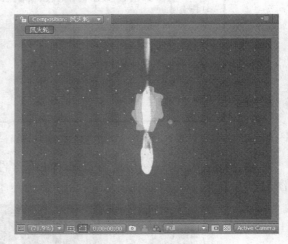

图11-9　新建一个固态层　　　　　图11-10　添加火特效

步骤 7 设置【T_Fire】特效参数，如图11-11所示。

 【Source Position】的位置为小球的位置，用户可以不按图11-11中的参数进行设置，可以单击其参数前的■按钮，在合成影像窗口中进行调整。

步骤 8 单击工具栏中的■按钮，在合成影像窗口中将固态层的中心位置调整至小球的位置上，如图11-12所示。

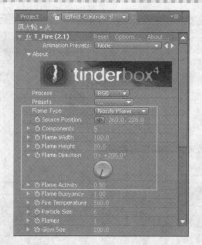

图11-11　设置火特效的参数

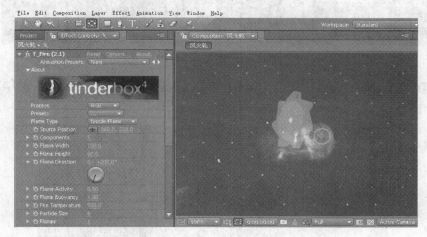

图11-12　调整固态层中心位置

步骤 ⑨ 在时间线窗口确认选中固态层，按【S】键打开其缩放属性设置框，设置参数为200，效果如图11-13所示。

图11-13　设置参数

步骤 ⑩ 在时间线窗口中选中"风火轮"，在菜单栏中选择【Animation】/【Track Motion】命令添加运动追踪，选择后的界面如图11-14所示。

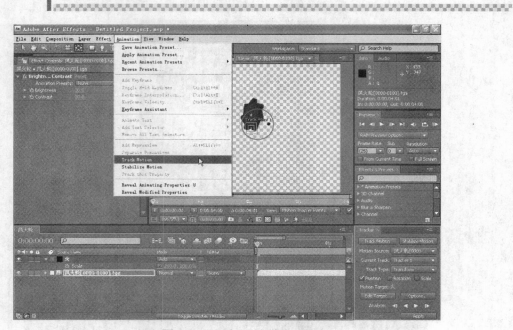

图11-14　添加运动追踪

步骤 ⑪ 在Tracker（追踪面板）中确认勾选【Position】和【Rotation】两项，并设置参数，如图11-15所示。

图11-15　设置参数

步骤 ⑫ 在合成影像窗口中选中【Track Point2】调整其追踪区域，使追踪中心与圆点中心对齐，如图11-16所示。

步骤 ⑬ 再选中【Track Point1】，调整其追踪区域，调整完成后的两点如图11-17所示。

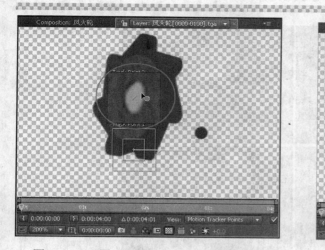
图11-16 设置【Track Point 2】追踪区域

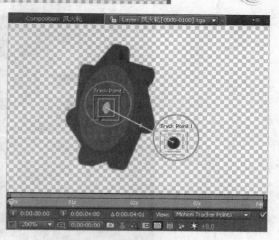
图11-17 设置【Track Point 1】追踪区域

步骤 ⑭ 单击追踪面板中的▶按钮，开始追踪，效果如图11-18所示。

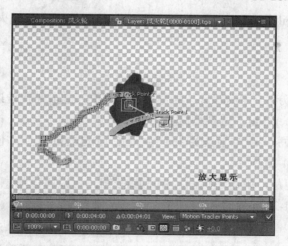

图11-18 追踪效果

步骤 ⑮ 通过检查发现追踪过程中未发生丢失现象，然后单击追踪面板中的 Apply 按钮，生成追踪信息，在弹出的对话框中单击 OK 按钮，关闭对话框，如图11-19所示。

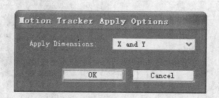

图11-19 进行分析运算

步骤 ⑯ 至此，追踪风火轮的动画制作完成，单击【Preview】窗口中的▶按钮，查看效果，部分截图如图11-20所示。

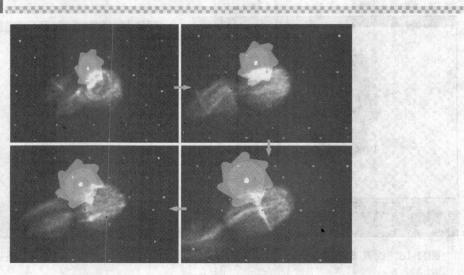

图11-20　动画截图

步骤 17 选择【File】/【Save】命令，将文件保存为"追踪风火轮.aep"。

11.3　一点追踪

AE中的追踪可以分为：Position（位置追踪）、 Rotation（旋转追踪）、 Scale（缩放追踪）、 Perspective Corner Pin（透视追踪）等。

Position（位置追踪）：位置追踪将产生追踪点的位置信息。使用位置追踪需要勾选【Position】项，如图11-21所示。

位置追踪为一点追踪，单击追踪面板中的▶按钮，可以将该信息转化为其他层或效果点的位置关键帧，如图11-22所示为例。

图11-21　追踪面板　　　　　　　　　　　　　　图11-22　一点追踪

单击追踪面板中的 Edit Target... 按钮，在弹出的【Motion Target】对话框中可选择应用追踪的层，如图11-23所示。

此处只用了两个层进行设置，如果在较为复杂的项目中，用户要注意层的选取。这里需要的效果是用一辆车替代合成影像窗口中蓝色的部分，如图11-24所示。

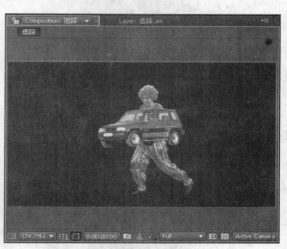

图11-23　应用追踪的层　　　　　　　　　图11-24　替换效果

如果是应用到层上，层的锚点将自动与追踪点的位置对齐，如果应用到一个有效点的效果上，追踪信息将转化为效果点的位置关键帧，如图11-25所示。

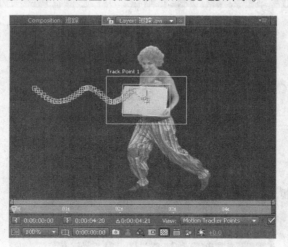

图11-25　追踪应用状况

追踪完成后要进行检查，查找是否有丢失现象发生，如果追踪不理想，可以单击追踪面板中的 Reset 按钮，然后重新进行设置并追踪。

11.4　二点追踪

二点追踪即有两个效果点。

Rotation（旋转追踪）：在追踪面板中勾选【Rotation】项，即可进行旋转追踪，如图11-26所示。

图11-26　旋转追踪

在旋转追踪的预览区中将出现两个追踪区域，如图11-27所示。

区域1的位置在旋转中心处，该区域的中心用来测量旋转的角度。

区域2的位置在旋转的物体上，AE将追踪该物体的旋转，并将其旋转值复制到另一个层上。

该追踪类型只追踪旋转，不追踪位置，只为第二层产生旋转关键帧，不产生位置关键帧，如图11-28所示。

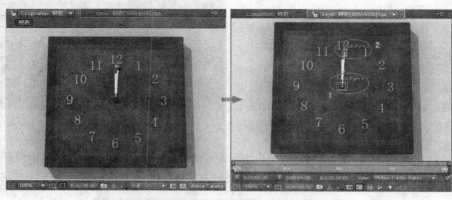

图11-27　旋转追踪的追踪区域

图11-28　产生的关键帧

Position位置与Rotation旋转追踪：位置与旋转追踪可以得到追踪点的位置和旋转信息，并将得到的信息转化为层的位置及产生旋转关键帧。

在追踪面板中勾选【Position】和【Rotation】两项，在预览区将产生两个追踪框，如图11-29所示。

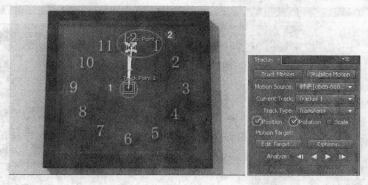

图11-29　选择选项

框1用于定义连接图层的位置和旋转的基点，框2定义了旋转角度，进行分析后将得到两点的位置和旋转信息。

二点追踪与一点追踪相比更加稳定。

—●—— 知识链接 ——●—

当设置好需要追踪的区域，进行分析运算后，得到的追踪信息可能会在某些帧出现偏差，导致信息丢失，因此需要对此进行矫正。

在矫正过程中，任何区域的调整只影响当前时间标志的追踪信息，调整后再单击【Analyze】按钮进行分析时，AE将只更新当前时间标志后的追踪信息。

常用的追踪信息矫正法有以下几种。

（1）扩大搜索区域：通常出现信息丢失的情况多为搜索区域过小引起的，适当加大搜索区域，可以保证追踪的质量，但同时会使分析运算的时间加长。

（2）调整特征区域：如果特征区域偏离了原位，则可以按住【Alt】键，移动特征区和搜索区，将其调整至正确的位置即可。

（3）调整追踪参数设置：在Tracker（追踪）面板中单击【Options】按钮，在弹出的对话框中调整参数。

课后练习

制作手捧烟雾的特效。先导入素材，创建一个合成影像，再创建一个固态层，添加特效，最后设置参数，进行追踪。

操 作 步 骤

步骤❶ 启动AE CS4应用程序，在项目窗口中的空白处双击，在弹出的【Import File】对话框中选择"素材.avi"文件，将其导入AE中，然后将其拖至 按钮上，新建一个合成影像，如图11-30所示。

步骤❷ 激活时间线窗口，按【Ctrl+Y】键，新建一个固态层，命名为"烟"，如图11-31所示。

图11-30　导入素材并新建合成影像

步骤 3 选择菜单栏中的【Effect】/【Trapcode】/【Particular】命令，为固态层添加一个特效，并设置参数，然后单击【Position XY】项前的 按钮，取消其原有动画，如图11-32所示。

图11-31　创建的固态层

图11-32　添加特效

 设置【Animation Presets】为t_SmokeSky后，其【Emitter】组下的【Position XY】选项会产生一组关键帧，因此要先将其去除。图11-32为去除关键帧后的界面。

步骤 4 在特效窗口中单击【Position XY】项右侧的 按钮，在合成影像窗口中将特效点的位置放至固态层的中心上，如图11-33所示。

步骤 5 在时间线窗口中单击"烟"层，将其选中，然后在合成影像窗口中将其中心部分移至小球的位置上，如图11-34所示。

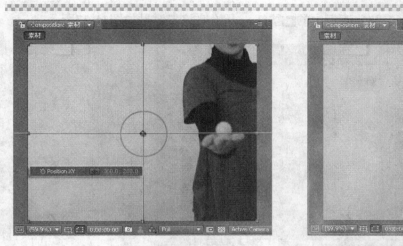

图11-33 调整位置

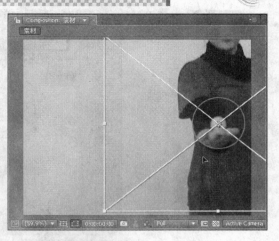

图11-34 调整固态层中心部分的位置

步骤 6 在时间线窗口中选中"素材"，在菜单栏中选择【Animation】/【Track Motion】命令添加运动追踪，在Tracker（追踪）面板中确认勾选【Position】项，在合成影像窗口中调整追踪区域，如图11-35所示。

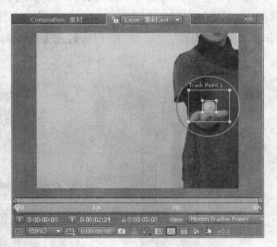

图11-35 调整追踪区域

步骤 7 单击Tracker（追踪）面板中的 Options... 按钮，设置参数，如图11-36所示。

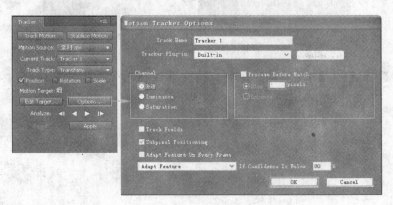

图11-36 设置参数

步骤 8 单击Tracker（追踪）面板中的 ▶ 按钮，开始追踪，效果如图11-37所示。

图11-37　追踪效果

步骤 9 通过检查发现追踪过程中未发生丢失象，然后单击Tracker（追踪）面板中的 Apply 按钮，生成追踪信息，在弹出的对话框中单击 OK 按钮，关闭对话框。

步骤 10 至此，手棒烟雾动画制作完成，单击【Preview】窗口中的 ▶ 按钮，查看效果，部分截图如图11-38所示。

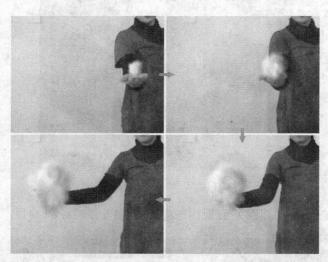

图11-38　动画截图

步骤 11 选择【File】/【Save】命令，将文件保存为"手捧烟雾.aep"。

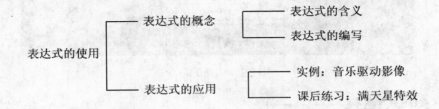

第12课

表达式的使用

AE表达式是制作高级特效的重点和难点。它涉及初级的程序设计和空间代数，对于有编程基础的用户会较容易学习。本课通过学习AE CS4表达式的相关基础知识，帮助读者掌握表达式的使用。

本课知识结构：

```
                        ┌── 表达式的概念 ──┬── 表达式的含义
                        │                  └── 表达式的编写
        表达式的使用 ───┤
                        │                  ┌── 实例：音乐驱动影像
                        └── 表达式的应用 ──┴── 课后练习：满天星特效
```

就业达标要求：

1：了解表达式的意义。

2：掌握表达式的用法。

3：结合实例掌握表达式的使用。

12.1 表达式的含义

AE的表达式是基于JSP函数的。相对设置关键帧的烦琐，表达式可以实现关键帧动画所达不到的效果，而这些效果，通常是AE的精华所在。用表达式制作的效果如图12-1所示。

图12-1 制作的效果

表达式是用来制作特殊动画的一种数学运算公式，在表达式中可以进行类似数学中的加、减、乘、除运算，还可以使用强大的函数功能控制动画效果。

我们新建一个合成影像，将素材拖至时间线窗口中，打开素材的属性，选择一个属性，然后单击菜单栏中的【Animation】项，选择【Add Expression】命令，就会出现表达式的输入框，如图12-2所示。

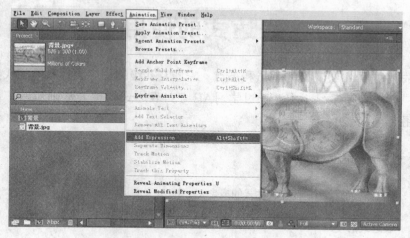

图12-2　选择的命令

—— 知识链接 ——

按住【Alt】键然后单击要编辑的属性前面的 按钮，也可以打开AE表达式输入框，或者按快捷键【Alt+Shift+=】也可。

如果为素材添加了一个特效，那么选择特效的一个属性，例如Brightness&Contrast（亮度&对比度），进行同样的操作也可以为其添加表达式，添加表达式后的窗口如图12-3所示。

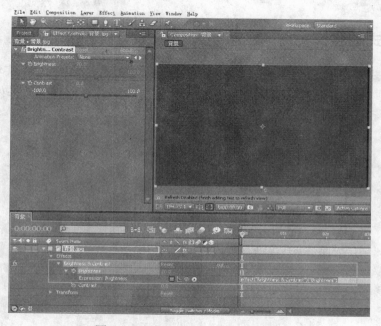

图12-3　添加表达式后的特效窗口

属性被激活后可以在该属性条中直接输入表达式覆盖现有的文字，增加表达式后属性条中会自动增加 ▤（开关）按钮、▨（图表）按钮、◎（链选）按钮和 ▣（选项）按钮等工具，单击 ▣（选项）按钮会弹出如图12-4所示的关联菜单。

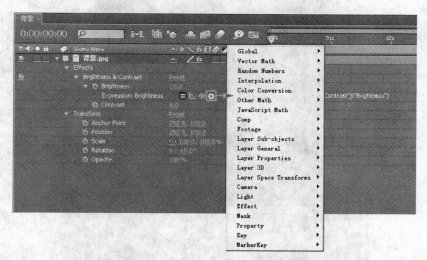

图12-4 选项关联菜单

选项关联菜单中包括：Global（全局对象）、Vector Math（向量数学法）、Random Numbers（随机数）、Interpolation（插值）、Color Conversion（色彩转换）、Other Math（其他数学方法）、JavaScript Math（脚本属性法）、Layer Sub-objects（层的对象属性）、Layer General（一般属性）、Layer Properties（特征属性）、Layer 3D（3D属性）、Layer Space Transforms（空间转换）以及Camera（摄影机属性）、Light（灯光属性）、Effect（效果属性）、Mask（遮罩属性）、Property（特征属性）、Key（关键帧属性）等。

12.2 表达式的编写

表达式的编写是在时间线窗口中完成的，在前面的介绍中可以发现，若需要增加一个层属性的表达式到时间线窗口，会先有一个默认的表达式出现在该属性下方的表达式编辑区中，这时用户只要在这个表达式编辑区中输入新的表达式或修改表达式的值就可以了。

编写表达式最基本的要素有以下几点。

1. 参数对应的个数：通过前面的学习可以发现，AE中层属性对应参数的数量是不同的，例如，一张图片素材的【Scale】（缩放）属性，其参数有两个，即X和Y轴的缩放，因此其对应的表达式的参数也应该是两个，于是可以将其表达式参数写为[70，70]，这样相当于将图片的大小设置为原来的70%，如图12-5所示。

提示　添加表达式后再进行手动修改，修改无效。

2. 参数对应的范围：每个属性均有相应的范围，即参数的上限和下限。

例如，【Opacity】（透明度）对应的参数范围是0至100，如果将大于100的数值赋予它，系统仍会默认为100，如果要使【Opacity】（透明度）值随着【Rotation】（旋转）值发生变化，表达式可以在【Opacity】属性中这样写：rotation/720×100，因为360度为一圈，这个表达式的意思是，旋转至第2圈时，透明度会变为100%，如图12-6所示。

图12-5　编写缩放表达式

图12-6　编写透明度表达式

3. 属性原始参数的表示：有时需要只改变属性的某一个参数，而另外的参数还可以手动调节，则可以这样操作：【Position】（位置）项在开3D层前对应的轴向是2个，即X和Y轴；开了3D层后对应的是3个，X、Y和Z轴。

对应X轴的表示是position[0]，对应Y轴的是position[1]，如果打开3D层按钮，position[2]对应的就是Z轴。参数对应的序号是从0开始的。如果想只改变【Position】（位置）的Y轴属性可以这样写，例如：[position[0],200]，这样就把Y轴的参数限制为200，而X轴的属性保持原样，如图12-7所示。

图12-7 改写属性值

编写表达式时，需要注意如下事项：在一段或一行程序后需要加"；"符号，使词间空格被忽略。

写好表达式后可以存储它以便将来使用，但表达式是针对层写的，不允许简单地存储和装载表达式到一个项目。如果要存储表达式以使用于其他项目，可能要加上注解或存储整个项目文件。

12.3 实例：音乐驱动影像

本例先导入素材，然后选中音乐素材为其新建一个合成影像，再选择一个层属性，为其添加表达式，最后生成动画。

操作步骤

步骤① 双击 AE 图标，启动AE CS4应用程序。

步骤② 在项目窗口中的空白处双击，在弹出的【Import File】对话框中选择"动感.mp3"文件，将其导入AE中，如图12-8所示。

步骤③ 在项目窗口中将"动感"素材拖至 🎬 按钮上，新建一个合成影像，如图12-9所示。

步骤④ 按【Ctrl+K】键，在弹出的【Composition Settings】对话框中修改参数，如图12-10所示。

步骤⑤ 在时间线窗口中将"动感"层的时间指针调至第6秒处，按【Ctrl+Shift+D】键将其分为两层，如图12-11所示。

图12-8　导入素材

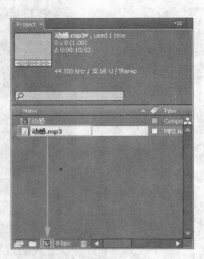

图12-9　新建合成影像

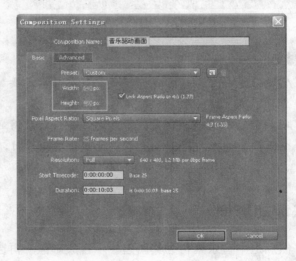

图12-10　修改参数

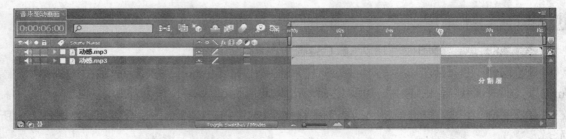

图12-11　分割层

　　步骤 6 将第6秒后的层按【Delete】键删除，然后选中剩下的层，按【N】键将其工作区域调整至第6秒，如图12-12所示。

　　步骤 7 在时间线的长条上单击鼠标右键，从弹出的菜单中选择【Trim Comp to Work Area】项，即选择以工作区域长度为合成影像长度，如图12-13所示。

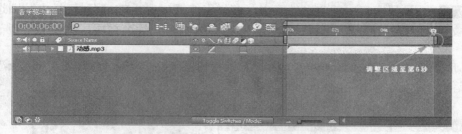

图12-12　调整层工作区域

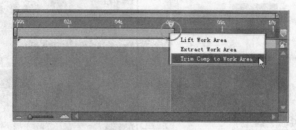

图12-13　调整项目长度

步骤 8 确认选中"动感"层，选择菜单栏中的【Animation】/【Keyframe Assistant 】/【Convert Audio to Keyframes】命令，创建一个【Audio Amplitude】（声音振幅）层，如图12-14所示。

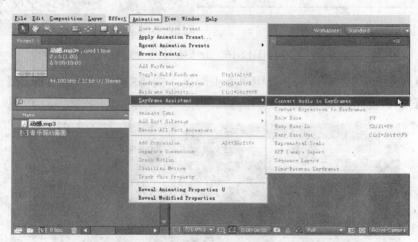

图12-14　创建【Audio Amplitude】（声音振幅）层

步骤 9 在时间线窗口中选中【Audio Amplitude】（声音振幅）层，按【U】键，打开其具有关键帧的属性，如图12-15所示。

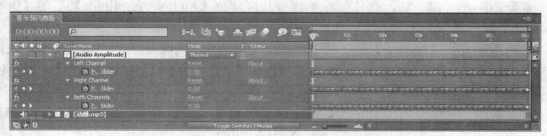

图12-15　打开具有关键帧的属性

步骤 ⑩ 在项目窗口中的空白处双击，在弹出的【Import File】对话框中分别选择"背景1.jpg"文件和"瓢虫.tga"文件，将其导入AE并拖至时间线窗口中，如图12-16所示。

 用户在将素材拖至时间线窗口时，应注意图层顺序。"背景1"应在"瓢虫"下方。

图12-16 导入素材

步骤 ⑪ 在时间线窗口中确认选中"瓢虫"层，按【S】键打开其【Scale】（缩放）属性框，按住【Alt】键单击缩放属性框前的 按钮，为其添加一个表达式，如图12-17所示。

图12-17 添加表达式

步骤 ⑫ 选中 按钮，按住鼠标不放将其拖动至【Audio Amplitude】层的【Both Channels】项的【Slider】属性上，连接两层关键帧，如图12-18所示。

步骤 ⑬ 单击【Preview】窗口中的 按钮，查看效果，发现因为音频幅度值较低，使得素材较小。通过补充编写表达式，增大缩放值，在【表达式输入框】中输入【*3】，这样即为其增大了幅度，使素材扩大了3倍，如图12-19所示。

步骤 ⑭ 在时间线窗口中关闭【Audio Amplitude】（声音振幅）层前的 按钮，将其设置为不可见，这样不会影响动画效果，如图12-20所示。

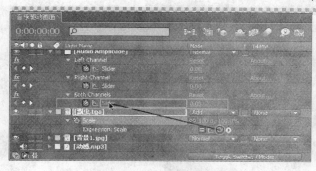

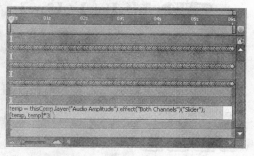

图12-18 连接两层关键帧　　　　　　　　图12-19 补充编写表达式

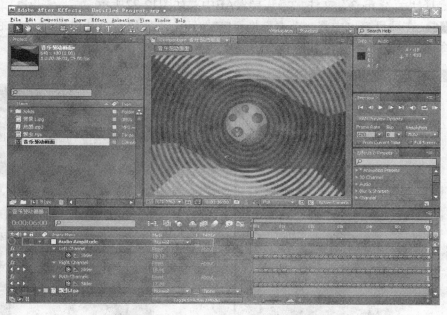

图12-20 设置层不可见

步骤 ⑮ 至此，音乐驱动影像制作完成，单击【Preview】窗口中的■按钮，查看效果，部分截图如图12-21所示。

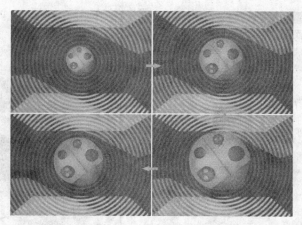

图12-21 动画截图

步骤 ⑯ 选择【File】/【Save】命令，将文件保存为"音乐驱动影像.aep"。

课后练习

制作满天星效果。先导入素材，再创建一个合成影像，然后创建声音振幅层，添加表达式，查看效果。

操作步骤

步骤 ❶ 启动AE CS4应用程序，在项目窗口中的空白处双击，在弹出的【Import File】对话框中选择"节奏.mp3"文件，将其导入AE中，如图12-22所示。

步骤 ❷ 在项目窗口中将"节奏"拖至 按钮上，新建一个合成影像，并在项目窗口中将其重命名为"满天星"，如图12-23所示。

图12-22　导入素材

图12-23　新建合成影像

步骤 ❸ 再选择"星星.tga"文件导入AE，并将其拖至时间线窗口中，如图12-24所示。

图12-24　导入"星星"素材

步骤④ 确认选中"节奏"层，在时间线窗口中右击时间条，在弹出的关联菜单中选择【Keyframe Assistant】/【Convert Audio to Keyframes】命令，创建一个【Audio Amplitude】（声音振幅）层，如图12-25所示。

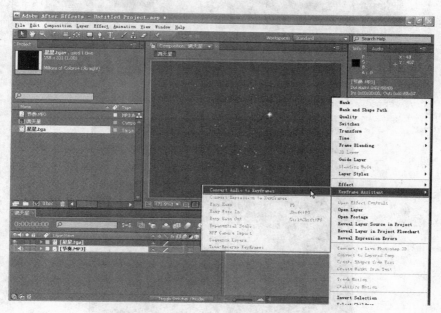

图12-25 添加声音振幅层

步骤⑤ 在时间线窗口中选中【Audio Amplitude】（声音振幅）层，按【U】键，打开其具有关键帧的属性，再选中"星星"层，按【R】键打开其【Rotation】（旋转）属性框，按住【Alt】键单击缩放属性框前的 按钮，为其添加一个表达式，如图12-26所示。

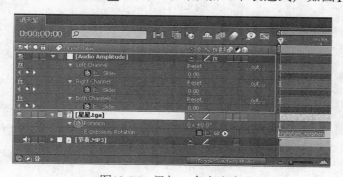

图12-26 添加一个表达式

步骤⑥ 单击【Rotation】（旋转）属性表达式的 按钮，按住鼠标不放将其拖动至【Audio Amplitude】层的【Both Channels】项的【Slider】属性上，连接两层关键帧，如图12-27所示。

步骤⑦ 在时间线窗口中关闭【Audio Amplitude】（声音振幅）层前的 按钮，将其设置为不可见，这样不影响动画效果。

步骤⑧ 至此，满天星动画制作完成，单击【Preview】窗口中的 按钮，查看效果，如图12-28所示。

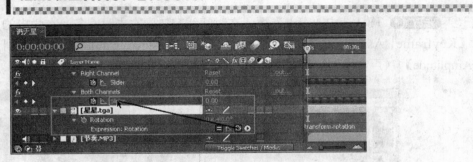

图12-27　连接两层关键帧

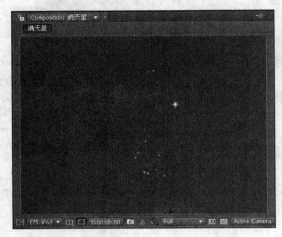

图12-28　动画截图

步骤 ⑨ 选择【File】/【Save】命令，将文件保存为"满天星.aep"。

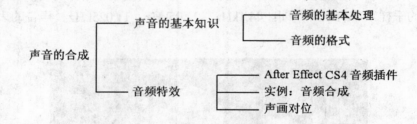

第13课

声音的合成

声音是人们耳朵所感觉到的空气分子的振动形成的，可以用一种模拟的（连续的）波形来表示。波形描述了空气的振动，波形的最高点或最低点与基线之间的距离称为该波形的振幅。振幅表示声音的音量，波形中振幅的最大点声音也最大，直线波形表示无声。所有波形都可分成周期。周期可用两个连续波峰间的距离表示。每秒出现的周期数称为波形的频率。

本课主要介绍AE CS4相关的音频特效，并结合基础知识的介绍，通过实例制作学习AE CS4中声音的合成方法。

本课知识结构：

```
                                        ┌─── 音频的基本处理
                   ┌─── 声音的基本知识 ───┤
                   │                    └─── 音频的格式
        声音的合成 ─┤
                   │                    ┌─── After Effect CS4 音频插件
                   └─── 音频特效 ────────┤─── 实例：音频合成
                                        └─── 声画对位
```

就业达标要求：

1：了解音频的相关知识。

2：掌握音频插件的用法。

13.1　音频基本处理

音频是个专业术语，人类能够听到的所有声音都称之为音频，也包括噪音等。声音被录制下来以后，无论是说话声、歌声、乐器都可以通过数字音乐软件进行处理，或是把它们制作成CD，这时所有的声音都不会改变。音频分为两类：**数字音频和MIDI音频**。

数字音频是通过采样获取的，即将声音源发出的模拟音频信号通过采样、量化转换成数字信号，再进行编码，以波形文件（.WAV）的格式保存起来。输出时再通过解码和数模转换，还原成模拟音频信号，声音的表现形式如图13-1所示。

MIDI音频是通过合成法获取的，即将电子乐器演奏音乐的过程用一条专门的语言来描述，并以MIDI文件（.MID）的格式保存起来，输出时，通过这种专门的语言去驱动MIDI合成器，再由MIDI合成器生成相应的音乐，放大后由扬声器输出，声音的表现形式如图13-2所示。

图13-1 声音的表现形式（1）

图13-2 声音的表现形式（2）

音频的基本处理包括：不同采样率、频率、通道数之间的变换和转换。其中变换只是简单地将音频视为另一种格式；转换是通过重新采样来进行，还可以根据需要采用插值算法以补偿失真。音频数据本身可以进行各种变换，如淡入、淡出、音量调节等。

采样指的是以固定的时间间隔对波形的值进行抽取，采样过程中，最重要的参数是采样频率，即一秒钟内采样的次数。采样频率越高，声音保真度越好，但所要求的数据存储量也越大。常用的采样频率有三种，即：44.1kHz、22.05kHz、11.025kHz。声音的表现形式如图13-3所示。

图13-3 声音的表现形式（3）

音频的数字化处理：数字化处理的核心是对音频信息的采样，通过对采集到的样本进行加工，形成各种效果，这也是音频媒体数字化处理的基本含义。

音频的三维化处理：随着虚拟技术不断发展，人们已不再满足单调平面的声音，而更趋向于具有空间感的三维声音效果。听觉通道可以与视觉通道同时工作，所以声音的三维化处理不仅可以表达出声音的空间信息，而且与视觉信息的多通道的结合可以创造出极为逼真的虚拟空间，这是在媒体处理方面的重要措施。

音频属性：随着数码时代的来临，数字信号比模拟信号优越已成为共识。模拟信号其实是指任何可以听见的声音经过音频线或话筒来传输的一系列信号。模拟信号是可以听到的，而数字信号是用数字记号，如0和1，来记录声音，而不是用物理手段来保存信号，如用普通磁带录音就是一种物理方式。

知识链接

注意一下身边的CD碟片会看到很多CD都有如：ADD、AAD、DDD等标记。三个字母按顺序各代表该片在录音、编辑、成品三个过程中所使用的方法，是模拟（Analog）还是数字（Digital）。A代表模拟，D代表数字。AAD就说明其录音和编辑是用模拟方式的，而最后灌片是用数字方式的，这类唱片多是将过去录制的音乐转成CD片而不做任何修改。ADD则是有一个修改过程。许多古典音乐大师的演奏或指挥多录制于模拟时代，所以现在听到的CD是经过修改后灌录的，很多这类唱片都有标记ADD。而DDD的唱片必然是较现代的录音品。

音频格式：常见音频文件格式有CD、WAV、MP3、MIDI、WMA、Real Audio等。其各自的特点主要如下。

（1）CD：标准CD格式也就是44.1kHz的采样频率，速率88kHz/秒，16位量化位数。

（2）WAV：是微软公司开发的一种声音文件格式，也是44.1kHz的采样频率，速率88kHz/秒，16位量化位数。在许多播放软件的"文件类型"中，都可以看到"*.WAV"格式，如图13-4所示。

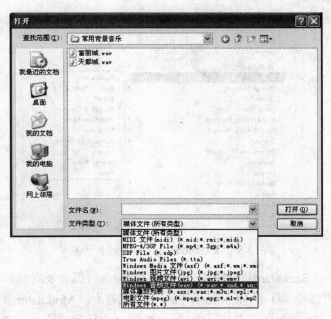

图13-4 WAV格式

（3）MP3：MP3格式诞生于20世纪80年代的德国，所谓的MP3也就是指的是MPEG标准中的音频部分，也就是MPEG音频层。根据压缩质量和编码处理的不同，它分为3层，分别对应"*.mp1" / "*.mp2" / "*.mp3"这3种声音文件。

（4）MIDI：MIDI是Musical Instrument Digital Interface的缩写，MID文件格式由MIDI继承而来。MID文件并不是一段录制好的声音，而是记录声音的信息，然后告诉声卡如何再现音乐的一组指令。"*.mid"格式的最大用处是在电脑作曲领域。

（5）WMA：WMA（Windows Media Audio）格式来自于微软，音质要强于MP3格式，更远胜于RA格式。

（6）RealAudio：RealAudio主要适用于网络上的在线音乐欣赏。

—————●———— 知识链接 ————●—————

CD是索尼和飞利浦公司联手研制的一种数字音乐光盘，有12cm直径和8cm直径两种规格，以前者最为常见，能提供74分钟的高质量音乐；CD-ROM是用于存储电脑数据的只读型CD；VCD是采用MPEG-1压缩编码技术的影音光盘，其影像清晰度和VHS录像带差不多；超级VCD是VCD的改进产品，采用MPEG-2编码，影像清晰度得到了提高。DVD是一种外型类似CD的新一代超大容量光盘，广泛应用于高质量的影音节目记录；HD-DVD是一种数字光储存格式的蓝色光束光碟产品，现已发展成为高清DVD标准之一。

13.2 音频特效

各种MP3或MP4播放器都有音频特效功能，可以实现几种主流的音频特效，如：3D效果，也就是立体环绕效果，就是充分利用回声，控制好时间来实现各种室内效果。

在AE CS4中单击菜单栏中的【Effect】项，在弹出的关联菜单中选择【Audio】项，弹出的特效菜单如图13-5所示。

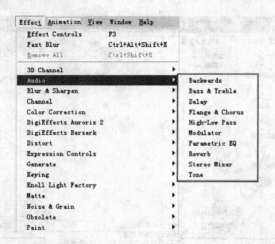

图13-5 【Audio】（声音特效）子菜单

Audio特效包括：Backwards（倒播）、Bass&Treble（低音&高音）、Delay（延迟）、Flange&Chorus（变调&合声）、High-Low Pass（高低音）、Modulator（调节器）、Parametric EQ（EQ参数）、Reverb（回声）、Stereo Mixer（立体声混合）、Tone（音质）十种。

Backwards（倒播）：用于将音频素材反向播放，从最后一帧播放到第一帧，在时间线窗口中，这些帧仍然按原来的顺序排列。

Bass&Treble（低音&高音）：用于调整高低音调。

Delay（延迟）：用于设置延时效果，可以设置声音在一定的时间后重复，多用来模拟声音被物体反射的效果。

时间延时效果是将输入信号录制到数字化的内存中，然后经过一段短暂的时间之后再将其读出来。可以产生回旋、回声、合唱、延时、立体声模拟等许多种效果。Delay（延迟）面板如图13-6所示。

Flange&Chorus（变调&合声）：包括两个独立的音频效果。Flange（变调）用于设置变调效果，通过复制声调的声音，或者把某个频率点改变，调节声音分离的时间、音调深度。Chorus（合声）用于设置合声效果，使单个语音或者乐器听起来更有深度，可以用来模拟"合唱"效果。其特效面板如图13-7所示。

图13-6 延时特效面板

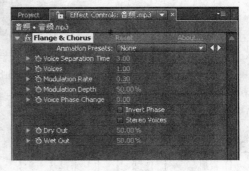

图13-7 变调&合声特效面板

变调&合声面板中的参数如下。

【Voice Separation Time】：用于设置声音分离时间。每个分离的声音是原音的延时效果声。设置较低的参数值通常用于Flange效果，较高的数值用于Chorus效果。

【Voices】：用于设置合声的数量。

【Modulation Depth】：用于调整深度。

【Voice Phase Change】：用于调整声音相位的变化。

【Inver Phase】：使声音相位相反；【Stereo Voices】：设置为立体声效果。

【Dry on】：原音输出。【Wet Out】：效果音输出。

此特效还可以用来产生颤动、急促的声音。

High-Low Pass（高低音）：应用高低通滤波器，即只允许高于或低于一个频率的声音通过。可以用来模拟增强或减弱一个声音的效果。

Modulator（调节器）：用于设置声音的颤音效果，改变声音的变化频率和振幅。

Parametric EQ（EQ参数）：用于为音频设置参数均衡器，可以强化或衰减指定的频率，对于增强音乐的效果特别有效。

Reverb（回声）：通过加入随机反射声模拟现场回声效果。

Stereo Mixer（立体声混合）：用来模拟左右立体声混音装置。可以对一个层的音频进行音量大小和相位的控制。

Tone（音质）：用来简单合成固定音调。其特效面板如图13-8所示。

Tone（音质）特效能增加5个音调产生和弦。可以对没有音频的层应用该特效，也可以对音频层或包含音频的层应用该效果，这时将只播放合成音调。【Waveform Options】用于选择波形形状。【Level】用于调整振幅。可以用音质特效模拟手机铃声、打雷时的隆隆声等效果。

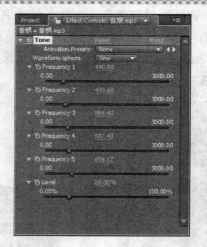

图13-8　音质特效面板

另外，还可以用AE外带的插件进行音频制作，例如：Trapcode中的Sound Keys插件。

13.3　实例：音频合成

本例先将文字导入时间线窗口中，再为其添加一个Flange&Chorus（变调&合声）音频特效，调整参数，最后查看效果。

【操作步骤】

步骤① 双击 图标，启动AE CS4应用程序。

步骤② 在项目窗口中的空白处双击，在弹出的【Import File】对话框中选择"音频.mp3"文件，将其导入AE中，如图13-9所示。

步骤③ 在项目窗口中选择"音频"素材，将其拖动至 按钮上，新建一个合成影像，再次在项目窗口中选中"音频"层，并按【Enter】键将其重命名为"声音"，如图13-10所示。

图13-9　导入文件

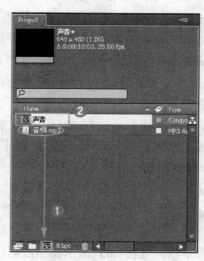

图13-10　新建合成影像

步骤 ④ 选择菜单栏中的【Effect】/【Audio】/【Flange&Chorus】（变调&合声）命令，为其添加一个特效，如图13-11所示。

步骤 ⑤ 在弹出的特效面板中设置参数，如图13-12所示。

图13-11　添加特效

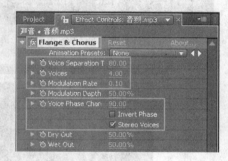

图13-12　设置参数

步骤 ⑥ 按【Preview】窗口中的 键进行渲染，感受效果。

 通常按小键盘中的【0】键进行渲染，但有些用户是用笔记本电脑进行操作的，并没有小键盘，因此可以使用【Preview】窗口中的 键。

步骤 ⑦ 至此，音频合成制作完成，选择【File】/【Save】命令，将文件保存为"音频合成.aep"。

课后练习

这里将制作一个声画对位效果，先新建一个合成影像，再将素材导入，调整素材长度，添加特效后查看效果。

操　作　步　骤

步骤 ① 启动AE CS4应用程序，按【Ctrl+N】键新建一个合成影像，如图13-13所示。

步骤 ② 在项目窗口中的空白处双击，在弹出的【Import File】对话框中按住【Ctrl】键选择"视频.mov"和"声音.wav"文件，将其导入AE，如图13-14所示。

步骤 ③ 将项目窗口中的素材拖至时间线窗口中，再将时间指针调整至第2秒20帧，按【N】键将工作区域调整至同样的时间处，如图13-15所示。

图13-13 新建合成影像

图13-14 导入素材

图13-15 调整素材长度

步骤 ④ 选择菜单栏中的【Composition】/【Trim Comp to Work Area】命令,调整素材的长度,调整后的素材长度如图13-16所示。

步骤 ⑤ 在时间线窗口中选中"声音"层,选择菜单栏中的【Effect】/【Audio】/【Modulator】(调节器)命令,为其添加一个特效,设置参数,如图13-17所示。

步骤 ⑥ 按小键盘上的【0】键进行渲染,感受效果。

步骤 ⑦ 至此,声画对位动画制作完成,截图如图13-18所示。

步骤 ⑧ 选择【File】/【Save】命令,将文件保存为"声画对位.aep"。

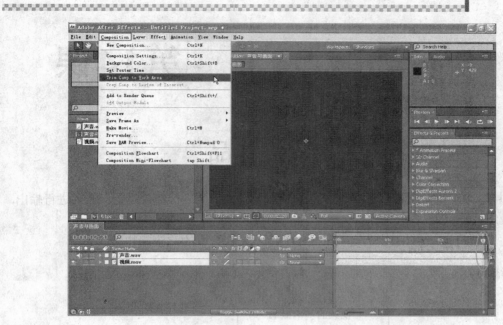

图13-16 调整素材长度一致

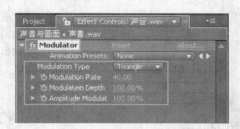

图13-17 设置参数

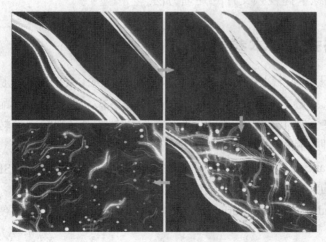

图13-18 动画截图

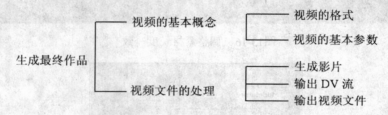

第14课

生成最终作品

在AE中完成前期的制作步骤之后，与3ds Max相同，都要进行渲染设置，然后进行输出，才能生成最终的作品。

本课主要学习视频的相关知识、DV的输出和AE CS4中的渲染输出设置。

本课知识结构：

生成最终作品 ── 视频的基本概念 ── 视频的格式
                            └─ 视频的基本参数

          └─ 视频文件的处理 ── 生成影片
                          ├─ 输出 DV 流
                          └─ 输出视频文件

就业达标要求：

1：了解视频的基本概念。

2：掌握视频生成和输出的方法。

3：结合实例熟练掌握视频文件的处理方法。

14.1 视频的格式及基本参数

视频的格式有很多种，以手机网络化的不断发展为例，3GP格式已成为目前手机中最为常见的一种视频格式。它是一种3G流媒体的视频编码格式，主要是为了配合3G网络的高传输速度而开发的。在整个制作过程中，首先要下载将通常格式的视频文件转为3G格式的工具，然后进行转换，这种视频的截图如图14-1所示。

ASF格式是Advanced Streaming Format的缩写，即高级流格式。ASF是一种可以直接在网上观看视频节目的文件压缩格式，压缩率和影像的质量都不错。

AVI格式是 Audio Video Interleave的缩写，具有兼容好、调用方便、影像质量好的优点，但其尺寸较大。

MPEG格式是Motion Picture Experts Group的缩写，包括MPEG-1、MPEG-2和MPEG-4。MPEG-1被广泛应用于VCD制作和一些视频片段下载的网络应用上，可以说绝大多数的VCD都是用MPEG-1格式压缩的。

以一部120分钟长的电影为例，使用MPEG-1的压缩法，可以将其压缩到1.2GB左右大小。MPEG-2则多应用在DVD的制作方面，也应用于一些高清晰电视广播（HDTV）和一些高要求的视频编辑、处理上。

　　MPEG-4是一种新的压缩法，使用这种格式可以把一部120分钟长的电影压缩到300MB左右，视频截图如图14-2所示。

图14-1　视频截图（1）

图14-2　视频截图（2）

　　QuickTime（MOV）是Apple（苹果）公司创立的一种视频格式，在很长的一段时间里，只在苹果公司的MAC机上存在，后来才发展到支持Windows平台。无论是本地播放还是作为视频流格式在网上传播，它都是一种优质的视频编码格式。

　　RMVB格式是在流媒体的RM影片格式上升级延伸而来的。VB即VBR，是Variable Bit Rate（可改变的比特率）的英文缩写。例如在播放以往常见的RM格式电影时，可以在播放器左下角看到225Kb/s字样，这就是比特率。影片的静止影像和运动影像对压缩采样率的要求是不同的，如果始终保持固定的比特率，会对影片质量造成浪费。

　　RMVB打破了原先RM格式的那种平均压缩采样的方式，在保证平均压缩比的基础上，设定了一般平均采样率两倍的最大采样率值。将较高的比特率用于复杂的动态影像例如：舞蹈、飞车、战争等，而在静态影像中则可以灵活地转为较低的采样率，合理地利用了比特率资源，使RMVB在牺牲少部分察觉不到的影片质量的情况下最大限度地压缩了影片的大小，并拥有接近于DVD品质的视听效果，视频截图如图14-3所示。

　　Real Video（RA、RAM）格式用于视频流应用方面，也可以说是视频流技术的始创者。要实现在网上传输不间断的视频需要很大的频宽，所以其影像质量和MPEG2、DIVX等相比并不出色。

　　DIVX视频编码技术可以说是一种对DVD造成压力的新生视频压缩格式，使用MPEG-4压缩法，其对计算机的要求不高。

图14-3　视频截图（3）

14.2 生成影片

在介绍本节的知识前，用户首先要清楚，渲染生成影片并不一定是最后要做的事情，在实际制作中有时需要进行各种测试渲染，评价合成的优劣所在，然后再重新进行修改，直至最终满意，再进行最后的渲染生成。

有时还需要对一些层预先进行渲染，然后将渲染的影片导入到合成影像中，再进行其他的合成操作，以提高AE的工作效率；甚至有时还只需要渲染动画中一个单帧，正因为这些渲染需要，在AE的渲染设置中也提供了众多选择，以满足不同的渲染要求，渲染后的截图如图14-4所示。

图14-4　渲染后视频截图

14.2.1 渲染前预演

在影片渲染之前，先在菜单栏中选择【Composition】/【Preview】命令，在其相关的菜单中可以选择预演影片的方式，如图14-5所示。

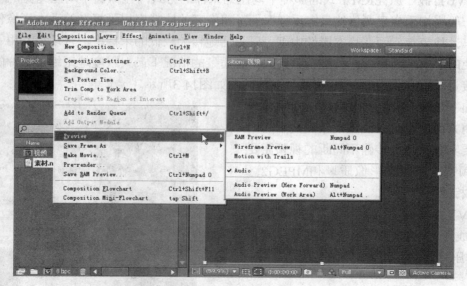

图14-5　预演影片的方式

RAM Preview（RAM预演）：内存预演以合成的帧速率或系统允许的最大帧速率播放视频和音频。能够预演的帧数由分配给AE的连续内存数量决定。内存预演只能在指定的工作区域内进行。这是最常用的预演方式。

Wireframe Preview（线框预演）：线框预演以矩形框显示合成中的所有层。当一个层带有遮罩或Alpha通道时，用遮罩或Alpha通道轮廓表示该层。如果要以矩形的层轮廓代替Alpha通道轮廓，在选择预演方法时，按住【Ctrl】键即可。

Motion with Trails（轨迹预演）：该方式保留所选层的每一帧轮廓，可以看到每一帧的轮廓轨迹，这对分析层的运动状态十分有利。如果需要单独以线框或轨迹方式预演，可以在【Time Controls】面板中进行内存预演控制。

14.2.2 渲染队列窗口

在项目窗口中选择合成影像，按【Ctrl+M】键，或选择菜单栏中的【Composition】/【Make Movie】命令，即可打开【渲染队列】窗口，并将该合成影像加入到渲染队列中，如图14-6所示。

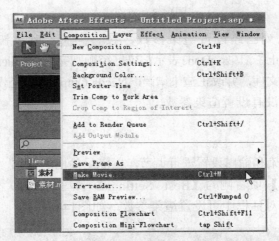

图14-6 选择的命令

通常AE的渲染窗口被称为【渲染队列】窗口，这是因为AE允许将多个合成影像加入到渲染任务中，按照各自的渲染设置，在队列中进行渲染。这样事先安排好需要渲染的任务后，AE将自动根据设置完成所有的渲染任务，【渲染队列】窗口如图14-7所示。

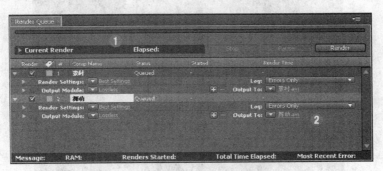

图14-7 【渲染队列】窗口

区域1：指示渲染进程，显示渲染的进度，单击 Render 按钮，即可进行渲染。【Stop】按钮表示停止，【Pause】按钮表示暂停。

区域2：为渲染序列窗口，每个需要渲染的合成影像都在此排队，等候渲染，可以上下拖动渲染任务，重新为其排序，或者选择一个任务，按键盘上的【Delete】键，取消该项目的渲染任务。

通过【Status】区域可以看到当前状态的显示，观察该栏可以知道渲染队列的渲染情况，例如图14-8所示。

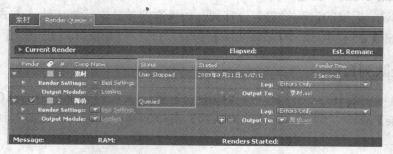

图14-8　渲染状态

Queued表示该队列已经设置渲染参数，按 Render 按钮即可开始渲染；User Stopped：表示操作者停止了渲染；Done表示渲染已经顺利完成；Failed表示该队列渲染失败，可以查看AE生成的记录文件，并改正渲染错误；Needs Output表示还没有指定输出的文件名；Unqueued表示该队列还没有设置渲染参数。

14.2.3　渲染设置

在渲染前需要对渲染和输出设置进行调节，以满足输出的要求。在【渲染队列】窗口中单击【Render Settings】项右侧的【Best Settings】（基本设置）项，在弹出的【Render Settings】（渲染设置）对话框中可设置渲染参数，如图14-9所示。

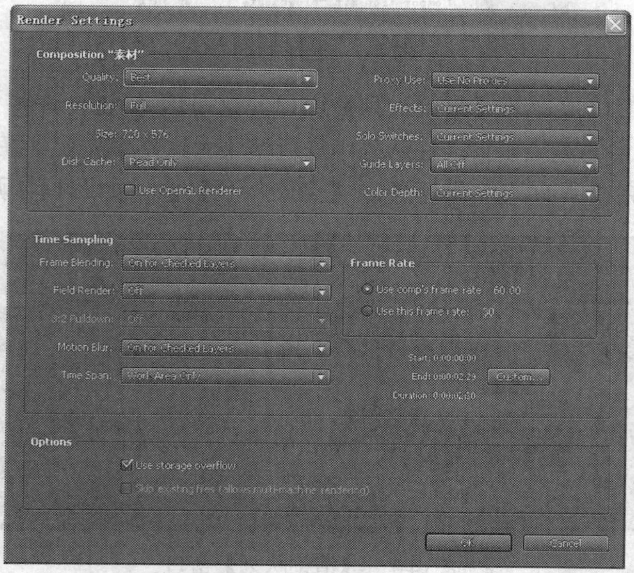

图14-9　【渲染设置】对话框

　　Quality（渲染质量），默认选择为Best（最好质量），还有草稿质量、线框模式两种方式。

　　Resolution（分辨率设置），默认选择Full（完全尺寸），可以与合成影像以相同的尺寸输出，还可以以Half（一半）尺寸输出，或者三分之一、四分之一的尺寸输出，也可以自定义更小的尺寸输出。

　　Proxy Use（代理设置），可以选择渲染所有代理或只渲染合成影像中的代理，还可以选择不渲染任何代理。

　　Effects（效果设置），可以选择渲染所有的效果，或关闭所有的效果，或者按照每个效果的开关是否打开来确定是否渲染。

　　Frame Blending（帧融合设置），可以按照每层帧的融合开关是否打开来决定是否渲染，也可以关闭所有的帧融合渲染。

　　Field Render：可以选择不加场渲染，或者加上场优先渲染，或者加下场优先渲染。

　　Motion Blur（运动模糊设置），可以按照每层的运动模糊开关是否打开决定是否渲染，或者关闭所有的运动模糊渲染。

　　Time Span，用于设置有效的渲染片段。

　　Frame Rate（帧速率设置），用来定义影片的帧速率，可以是合成影像的帧速率，或者自定义一个帧速率。

14.3　输出DV流

　　DV是英语Digital Video的缩写，是数码摄像机的意思。还可以译成"数字视频"，是由索尼（SONY）、松下（PANASONIC）、JVC（胜利）、夏普（SHARP）、东芝（TOSHIBA）和佳能（CANON）等多家著名家电巨擘联合制定的一种数码视频格式。在绝大多数情况下DV的意思为数码摄像机。

　　其部分存储格式主要有：CCIR 601在电视广播中广泛使用；MPEG-4多用于在线发布的视频资料中；MPEG-2使用在DVD和SVCD中；MPEG-1使用在VCD中；H.261用于视频电话和视频会议中；DV、MiniDV使用在大多数消费类摄像机中；DVCAM、DVCPRO使用在专业广播设备中。

　　说到输出DV流，就要了解一些压缩卡的相关知识。

　　压缩卡是把模拟信号或者数字信号通过解码或编码按一定算法把信号采集到硬盘里或是直接刻录成光盘，因它进行了压缩所以它的容量较小，格式灵活。常见的压缩卡有硬件压缩卡和软件压缩卡，硬件压缩卡压缩比一般不超过1：6，而软件压缩卡的压缩比由软件而定。

　　■━━━━━ 知识链接 ━━━━━■

　　　专业摄像机是指摄像机中的摄录放一体机一类的产品，又被称为DVCAM。其性能和DV几乎一模一样，不同的是两者磁迹的宽度，DV的磁迹宽度为10微米，DVCAM的磁迹宽度为15微米。由于记录速度不同，DV是18.8毫米/秒，DVCAM是28.8毫米/秒，所以两者在记录时间上也有所差别，DV带是60分钟～276分钟的影音，而DVCAM带可以记录34分钟～184分钟。

在视频和音频的采录方面，DV和DVCAM基本相同，记录码率为25Mb/s，音频采用48kHz和32kHz两种采样模式。

14.4 输出视频文件

在进行渲染预演、渲染设置之后，可以进行输出设置。在渲染列队窗口中单击【Output Module】项右侧的【Lossless】，在弹出的对话框中可进行输出设置，如图14-10所示。

若需要渲染带有声音的影片，可以勾选【Audio Output】选项。

在【Based on "Lossless"】项中的【Format】列表框中可以选择输出格式，可以支持各种音频、视频格式、序列图片等，最常用的是"Video For Windows"。当选择某些输出格式后，会弹出一个对话框，用来设置该输出格式的一些具体参数，比如选择"QuickTime Movie"后，弹出如图14-11所示的对话框。

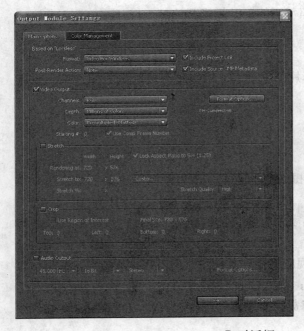

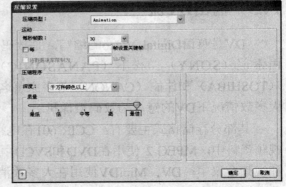

图14-10　【Output Module Settings】对话框　　　　图14-11　【压缩设置】对话框

在【压缩设置】对话框中可以设置视频压缩格式、颜色深度、压缩质量等参数。

在【Output Module Settings】对话框中单击 Format Options... 按钮，将弹出【Video Compression】对话框，如图14-12所示。

在进行渲染设置、输出设置后，还要对文件名及输出路径进行保存设置，例如在【渲染队列】窗口中单击【Output To】项右侧的"素材.avi"，在弹出的【Output Movie To】对话中进行保存文件名及输出路径设置，如图14-13所示。

AE可以对影片的单帧进行渲染。先在时间线窗口中选中要渲染的素材，然后将时间指针调整至要渲染的单帧处，然后选择菜单栏中的【Composition】/【Save Frame As】/【File】命令，再在【渲染队列】窗口中设置参数后单击 Render 按钮，即可渲染出单帧。

图14-12 【Video Compression】对话框

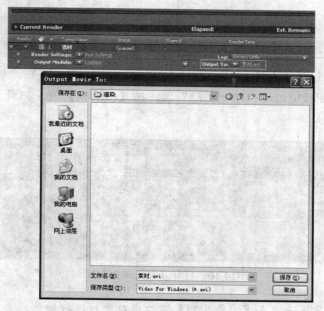

图14-13 设置保存文件名及输出路径

如果需要输出的单帧中带有AE的层信息，可以选择菜单栏中的【Composition】/【Save Frame As】/【Photoshop Layers】命令，AE将直接把单帧保存为多层的PSD文件。

课后练习

下面练习如何渲染图片序列。先将素材导入，然后新建一个合成影像，打开渲染列队并设置参数，最后进行渲染。

操作步骤

步骤 ① 启动AE CS4应用程序，然后在项目窗口中的空白处双击，在弹出的【Import File】对话框中选择"舞动.mov"文件，将其导入AE中，如图14-14所示。

步骤 ② 在项目窗口中将"舞动"素材拖至时间线窗口中，新建一个合成影像，如图14-15所示。

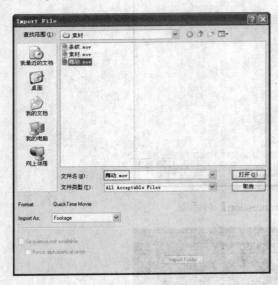
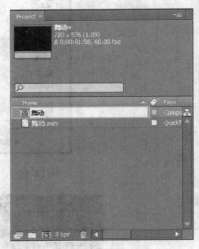

图14-14　导入素材　　　　　　　　　　图14-15　新建合成影像

步骤 ③ 在时间线窗口中选中"舞动"层，按【Ctrl+M】键，打开【渲染队列】窗口，如图14-16所示。

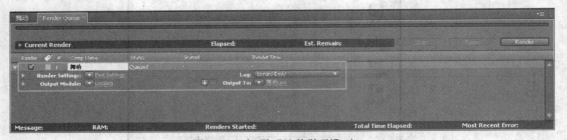

图14-16　打开【渲染队列】窗口

　用户如果是第一次在【渲染队列】窗口中对素材进行操作，会先有个对话框弹出，在弹出的对话框中保存素材的输出路径后，这个对话框以后将不再弹出。

步骤 ④ 在【渲染队列】窗口中单击【Output Module】项右侧的【Lossless】，在弹出的对话框中将【Format】项设置为【Targa Sequence】，并在随后弹出的【Targa Options】对话框中设置参数，然后单击 OK 按钮关闭对话框，如图14-17所示。

　将【Format】项设置为【Targa Sequence】后，【Targa Options】对话框会立即弹出，用户在设置参数后，如果要更改设置可以在【Output Module Settings】对话框中单击 Format Options... 按钮，然后就可以在【Targa Options】对话框中再次进行设置了。

步骤 5 在【渲染队列】窗口中单击【Output To】右侧的"舞动.tga"，在弹出的对话框中设置参数，将其保存，如图14-18所示。

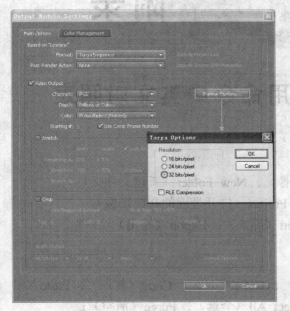

图14-17 设置参数

图14-18 设置保存文件路径

步骤 6 在【渲染队列】窗口中单击 Render 按钮进行渲染。

步骤 7 至此，本例制作完成，查看渲染结果，如图14-19所示。

图14-19 渲染结果

附录

After Effects CS4常用命令中英文对照表

File（文件）菜单：

New（新建）、New Project（新建合成影像）、New Folder（新建文件夹）
Open Project（打开文件）、Open Recent Project（打开最近的合成影像）
Save（保存）、Save as（另存为）、Import（导入）、Export（输出）

Edit（编辑）菜单：

Undo Copy（撤销）、History（历史记录）、Cut（剪切）、Copy（复制）、Paste（粘贴）、Clear（清除）、Duplicate（副本）、Select All（全选）、Purge（清空）；
Templates（模版）、Render Settings（渲染设置）、Output Module（输出模式）；
Preferences（预置）、General（常规）、Previews（预览）、Display（显示）、Import（输入）、Output（输出）、Cache（缓存）

Composition（合成）菜单：

New Composition（新建合成影像）、Composition Settings（合成设置）、Background Color（背景颜色）、Trim Comp to Work Area（修剪合成配置工作区域）、Add to Render Queue（添加至渲染队列）；
Preview（预演）、RAM Preview（内存预演）、Audio（音频）；
Save Frame As（保存单帧为）、Make Movie（制作影片）

Layer（图层）菜单：

New（新建）、Text（文字层）、Solid（固态层）、Light（灯光层）、Camera（摄影机层）、Null Object（虚拟层）、Adjustment Layer（调节层）、Layer Settings（层设置）、Quality（质量）、Transform（转换）、3D Layer（三维图层）、Track Matte（轨道蒙版）、Auto-trace（自动追踪）
Mask（遮罩）、New Mask（新建遮罩）、Mask Feather（遮罩羽化）、Mode（模式）Switches（转换开关）、Hide Other Video（隐藏其他视频）

Effect（特效）菜单：

3D Channel（三维通道）、Audio（音频）、Channel（通道）、Text（文字）、Time（时间）、Noise&Grain（噪波）、Perspective（透视）；

Blur&Sharpen（模糊&锐化）、Fast Blur（快速模糊）、Gaussian Blur（高斯模糊）、Radial Blur（圆周模糊）、Sharpen（锐化）；

Color Correction（颜色校正）、Brightness&Contrast（亮度&对比度）、Change Color（转换色彩）、Color Balance（色彩平衡）、Curves（曲线）、Hue\Saturation（色相\饱和度）、Levels（色阶）、Colorama（彩光）、Tint（染色）；

Distort（扭曲）、Bezier Warp（曲线变形）、Mesh Warp（面片变形）、Bulge（凸凹）、Corner Pin（边角定位）、Ripple（波纹效果）；

Generate（生成）、4 color Gradient（四色渐变）、Advanced Lightning（高级闪电）、Audio Spectrum（音频）、Audio Waveform（波形）、Beam（光束）、Fractal（分形）；

Keying（抠像）、Color Key（颜色键出）、Color Range（色彩范围）、Difference Matte（差值遮罩）、Linear Color Key（线性键出）、Luma Key（亮度键出）；

Simulation（模拟）、Foam（气泡）、Particle Playground（粒子游乐场）、Shatter（爆炸）；

Stylize（风格化）、Brush Strokes（画笔描边）、Color Emboss（彩色浮雕）、Emboss（浮雕效果）、Glow（发光）、Mosaic（马赛克）、Find Edges（勾边）、Scatter（分散）

Animation（动画）菜单：

Add Keyframe（添加关键帧）、Add Expression（添加表达式）、Track Motion（运动追踪）；

Keyframe Assistant（辅助关键帧）、Easy Ease（缓和曲线）

View（视图）菜单：

Zoom In（放大）、Zoom Out（缩小）、Switch 3D View（转换三维视图）、Go To Time（指定时间）

Window（窗口）菜单：

Workspace（工作空间）、Tools（工具）、Info（信息面板）、Character（文字面板）、Paragraph（段落面板）、Tracker（追踪面板）

Help（帮助）菜单：

About AE（关于AE）、AE Help（AE帮助）、Registration（注册）

反侵权盗版声明

电子工业出版社依法对本作品享有专有出版权。任何未经权利人书面许可,复制、销售或通过信息网络传播本作品的行为;歪曲、篡改、剽窃本作品的行为,均违反《中华人民共和国著作权法》,其行为人应承担相应的民事责任和行政责任,构成犯罪的,将被依法追究刑事责任。

为了维护市场秩序,保护权利人的合法权益,我社将依法查处和打击侵权盗版的单位和个人。欢迎社会各界人士积极举报侵权盗版行为,本社将奖励举报有功人员,并保证举报人的信息不被泄露。

举报电话: (010) 88254396; (010) 88258888

传　　真: (010) 88254397

E-mail: dbqq@phei.com.cn

通信地址: 北京市万寿路173信箱
　　　　　电子工业出版社总编办公室

邮　　编: 100036

欢迎与我们联系

为了方便与我们联系,我们已开通了网站 (www.medias.com.cn)。您可以在本网站上了解我们的新书介绍,并可通过读者留言簿直接与我们沟通,欢迎您向我们提出您的想法和建议。也可以通过电话与我们联系:

电话号码: (010) 68252397。

邮件地址: webmaster@medias.com.cn

iLike就业
After Effects CS4
多功能教材

本书特点

　　本书从实用和就业的角度出发，采用案例教学的编写形式，针对After Effects CS4在影视后期制作中的作用，介绍了After Effects CS4的常用技巧，并结合难易程度不同的实例进行了知识点剖析，使读者能够快速了解After Effects CS4的强大功能，并掌握其基础知识。

适合对象

　　本书是影视多媒体专业学生的理想教材，也是有一定基础、需要进一步提高的自学读者的优秀参考书。

ISBN 978-7-121-10404-6

责任编辑：李红玉
文字编辑：易　昆

9 787121 104046 >

定价：32.00元

高等学校十一五规划教材

化工原理实验

赫文秀　王亚雄　主编

HUAGONG

YUANLI SHIYAN

化学工业出版社